THE PYROCENE
불의 시대

출판사와 캘리포니아 대학교 언론 재단 University of California Press Foundation은
랠프 앤드 셜리 샤피로 환경 연구 기부 기금
Ralph and Shirley Shapiro Endowment Fund in Environmental Studies의
아낌없는 지원에 감사드린다.

The Pyrocene: How We Created an Age of Fire, and What Happens Next
Copyright © 2021 Stephen J. Pyne
Korean Translation Copyright © 2025 by Hankyung Magazine&Book Inc.
Korean edition is published by arrangement with University of California Press
through Duran Kim Agency.

이 책의 한국어판 저작권은 듀란킴 에이전시를 통한
University of California Press와의 독점계약으로 ㈜한경매거진앤북에 있습니다.

저작권법에 의하여 한국 내에서 보호를 받는 저작물이므로 무단전재와 무단복제를 금합니다.

THE PYROCENE
불의 시대

스티븐 J. 파인 지음 | 김시내 옮김

한국경제신문

여전히 눈부시게 빛나는

소녀

그리고

잿더미 속에서 남겨진 것보다

더 나은 세상을 향한 불꽃을 찾을 수 있기를 바라며

리디아, 몰리, 칼리, 애슐리, 린지,

콜튼, 줄리, 아이비, 에스더에게

목 차

서문 세 가지 불 사이에서 9

1장_ 첫 번째 불: 자연의 불　　19

불의 행성: 느리게, 빠르게, 오래 타는 불 21
불이 지구에 뿌리내린 역사 22
불의 생물학적 특성 29
불의 고생대사 42
계몽주의: 불의 암흑기 51

2장_ 얼음의 시대　　61

홍적세에 얼음이 많았던 이유 66
거대동물, 대멸종 76
홍적세 이야기 79
화염의 수호자 87

3장_ 두 번째 불: 인간이 길들인 불　　93

불의 창조물: 자연 경관 95
두 번째 불 100
불과 도가니 102
원주민의 불: 자주 발생하는 잔잔한 선제적 화재 108
농부의 불: 불과 휴경 114
화염 기술 125
영향을 주고받는 기후 128

4장_ 세 번째 불: 산업혁명 이후의 불 137

- 암석 경관 139
- 연소 변이: 연소의 새로운 질서 143
- 연소 변이: 개념 150
- 연소 변이: 행위 154
- 제3의 자연 속 구축 경관 156
- 제3의 자연 속 전원 경관 160
- 세 번째 불이 보여주는 황야 164
- 대화재 173

5장_ 화염세 181

- 불의 시대 196
- 불과 함께하는 삶: 원리 206
- 불과 함께하는 삶: 실천 213
- 완벽보다 연습 229

끝맺는 말 여섯 번째 태양 234

작가의 말 244
참고 문헌 248

그리고 여호와께서 땅 위에서 네게 큰불을 내보이시고

불 가운데서 나오는 말씀을 듣게 하셨노라.

신명기 4장 36절

그들이 불에서 나와도

다른 불이 그들을 집어삼키리라.

에스겔서 15장 7절

• 서문 •
세 가지 불 사이에서

불은 어디에나 있는 듯했다.

호주, 캘리포니아, 시베리아 등 화재가 흔한 지역에서 불의 규모나 강도는 대단했다. 2009년 호주에서 발생한 들불 '검은 토요일'은 단일 화재로 사상 최대라는 역사적 기록을 세웠다. 뒤이어 2019년과 2020년 사이에 발생한 산불 '검은 여름'은 단일 계절 기록을 세웠다. 캘리포니아 대화재는 연달아 4년째 매년 더 거세졌다. 불길은 전염병처럼 오리건과 워싱턴으로 번졌고, 로키 산맥 분수계(콘티넨털 디바이드 Continental Divide)를 넘어 콜로라도 로키 산맥까지 할퀴었다. 시베리아에서 시작된 화재는 북쪽으로 번져 북극권 너머로 활활 타올랐다. 그간 화마의 손길이 닿지 않았거나 국지적으로만 영향을 받던 지역에서도 불길은 넓게 번져갔다. 아마존강 유역은 20년 만에 최악의 화재를 경험했다. 화염이 닿지 않은 곳에는 연기 기둥이 뻗쳤다. 호주 화재로 피어오른 연기가 온 세상을 에워싸기도 했다. 미국에서는 서부 해안 화재로 생긴 칠흑 같은 연기 때문에 서부 전역에 연무가 퍼졌다. 1930년대에 불어 닥친 먼지 폭풍이 몰고 온 상징적 충격과 시각적 강렬함을 또다시 안겨준 사건이었다. 낮인데도 화재 현장에서 날아든 연기 탓에 어둑어둑했다. 어두워야 할 밤 풍경은 활활 타오르는 불 때문에, 상공에서 보면 타오르는 별들이 콕콕 박힌 은하수처럼 얼룩덜룩했다. 불길이 안 보이는 곳에서는 도시의 불빛과 가로등이 그 빈자리를 채웠다. 석탄과 가스가 연소한 결과물인 전깃불 말이다. 많은 이에게 그 모습은 종말을 향해 몰아치는 화염 같았다. 심지어 그린란드까지 타올랐다.

불이 났다고 항상 연기와 화염이 발생하는 건 아니었다. 지구에서 나타나는 화재의 혼란스러운 형세에는 사그라든 온순하고도 이로운 불도 한몫했다. 역사적으로, 이런 불은 자연적 또는 인위적으로 발생하지만 자연에서 감당 가능한 수준이었다. 그런 불이 자취를 감추자 땅은 생기를 잃고 몹시 사나운 들불을 일으킬 가연성 물질을 비축해갔다. 전원 지역을 휩쓸고 도시까지 휘몰아치는 무서운 화재만 문제가 아니라는 말이다. 쉬이 잠잠해지거나 저절로 사그라져 더는 타들어 가지 않는 이로운 불이 사라진 것도 문제였다. 지구의 생물군Biota은 들짐승같이 사나운 야생형 불의 등장과 더불어 가축같이 온순한 통제형 불의 부재로 인해 무너지고 있다. 2013년 핀초보호연구소Pinchot Institute for Conservation에서는 미국의 상황과 숲의 미래를 조망했다. 전문가 집단에서 내놓은 결과인《인류세에서의 삼림 보존Forest Conservation in the Anthropocene》에는 식물군, 물, 공기, 토양, 야생동물을 아울러 생태학적으로 세세하게 정리한 견해가 실려 있다. 모든 부문에서 목격된 하나의 요소, 즉 교차점은 불이다. 불은 급변하는 상황 속 모든 것을 어루만졌다. 모두를 통합했다. 따라서 불을 올바르게 다루지 않는다면 나머지 역시 엇나갈 것이다.[1]

옛날 옛적 지구에는 불의 유무와 상관없이 벼락, 산소와 함께 불을 이루는 삼각형을 완성하는 세 번째 요소가 있었다. 숨이 끊어져 돌로 변한 생물군인 화석연료가 그 주인공이다. 인간은 점점 미친 듯이 화석연료를 흥청망청 써댔다. 멀고 먼 지질 시대 속 연료를 캐다가 (알려진 게 거의 없는) 복잡한 상호작용을 통해 불태우며 앞으로 맞이할 먼 미래를 향해 폐기물을 뿜어댔다. 산업 사회에 접어들면서 연소는 지구에서

정립된 불의 역학 관계를 재편성했다. 화석연료 덕분에 세계화가 빨라진 것이다. 그 결과, 전 세계에서 불길의 영향을 받지 않은 곳을 찾기 어려워졌다.

   살아 숨 쉬는 자연과 생을 다해 돌로 변한 자연 모두 불타는 대조적인 모습은 지구 화재 현장에서 경험하는 역설 대부분을 설명한다. 역설은 다음과 같다. 첫째, 불과 함께 진화하는 지역에서 불을 없애려 하면, 불은 더 사나운 모습으로 돌아올 것이다. 크게는 헬리콥터에서 작게는 이동식 펌프까지, 석유로 가동되는 기계들 탓에 의도치 않게 불에 힘을 실어주지 않는다면, 애초에 불길을 잡으려 이런저런 노력을 기울이지 않아도 됐을 것이다. 둘째, 산불이 매체의 주목을 받고 있지만, 전반적으로 타들어 간 실제 면적은 줄고 있다. 화석연료로 굴러가던 사회에서 대용물을 찾아 화재의 씨앗을 제거(또는 억제)하기 때문이다. 2020년, 캘리포니아의 화재 피해 면적은 420만 에이커였다. 산업화 이전에는 화재가 급증하지 않았겠지만, 아마 1,000만 에이커 이상이 피해를 봤을 것이다. 셋째, 화석연료 사용량을 줄일수록 자연 경관을 그만큼 더 태워야 하는데, 이는 손해다. 우리는 미래에 대비해 불에 잘 견디는 내화 경관을 조성해야 하고, 그러려면 불을 활용해야 한다.[2]

화염이라는 직접적 결과와 연기, 소화 활동, 개간, 지구 온난화라는 간접적 결과까지 불의 영향력을 모두 합치면, 빙하기와 정반대인 불의 영향을 받는 시대의 윤곽을 그릴 수 있다. 화염세 Pyrocene가 왔다.

화염세는 무엇인가?

'화염세'는 불을 중심으로 인간이 지구에 영향을 미치는 방식에 관한 관점을 제안한다. 인류만의 주요 특징인 불을 다룰 수 있는 능력을 바탕으로 인류세 Anthropocene의 이름과 정의를 바꾼다. 불과 인간 사이의 오랜 동맹이라는 서사에서 비롯한 것이다. 앞으로 발화 행위가 모두 모여 홍적세 Pleistocene에 있었던 빙하기와 같은 불의 시대가 열릴 것이다.

화염세는 불을 주제 삼아 기후 변화와 여섯 번째 멸종에 관해 추가 관점을 제시하고 해양 화학과 해수면 그리고 인간의 존재 특성에 변화를 일으킨다. 익숙한 이야기를 다른 관점에서 재진술해 새로운 주제를 소개한다. 게다가 모든 것을 통합하듯 태우는 불처럼 지리, 역사, 제도, 교육 등 환경을 통합하면서 향후 다가올 미래까지 탐색한다.

화염세가 들려주는 역사 속에는 세 가지 불이 연대순으

로 등장한다. 첫 번째는 자연적인 불로, 식물이 육지에 대량 서식하자마자 등장한 불이다. 숯 화석으로 미루어보면, 4억 2000만 년 전부터 일어났을 것이다. 두 번째는 인위적인 불이다. 요리 덕에 인류의 기원인 호미닌 Hominin의 DNA 속에 불에 의존하는 특성이 자리 잡았다. 이 불은 마지막 빙하기 끝 무렵에 조성된 환경을 발판 삼아 인류가 이주한 모든 지역에서 꾸준히 번져나갔다. 인간이 자연적인 첫 번째 불과 경쟁하며 점차 더 넓은 지역을 태운 결과, 눈 덮인 빙판과 무자비한 사막, 흠뻑 젖은 우림까지 지구상에서 불이 안 보이는 지역은 사라져갔다. 인간이 일으킨 두 번째 불은 살아 있는 자연 경관 속에서 첫 번째 불과 같은 조건과 제약을 공유하며 비슷한 모습으로 타올랐다. 그러나 세 번째 불은 그 둘과 본질적으로 다르다.

세 번째 불은 연료, 계절, 태양 또는 건·우기 같은 생태적 한계에서 자유로운 암석 경관을 태운다. 가연성 물질 공급원은 특성상 끝도 없이 발생한다. 문제는 온갖 부산물을 담아둘 처리원이다. 이 불은 기후와 생물군뿐만 아니라 사람과 불의 관계까지 위협한다. 두 번째 불은 테오신트 Teosinte(벼과의 일년초. 옥수수의 근연종 – 옮긴이)를 옥수수로, 야생 소를 젖소로 개량했듯이 들불을 난로와 횃불로 전환하며 길들인 형태다. 불과 사람 모두 일종의 상호 조약을 맺고 세력을 넓혔다. 불이 없으면 안 되는 인간과 달리 불은 인간 없이도 존재할 수 있어 근본적으로 불공평했다. 그러나 각자 공통 조건 속에서 움직였다.

세 번째 불은 이 관계에서 완전히 벗어났다. 이제 인간은 불 없이 존재할 수 있었지만, 불은 인간 없이 번성할 수 없었다. 살살 타다가 갑자기 훅 번져 여기저기를 집어삼키며 걸음을 재촉하는 난폭한 불의 힘을 증류와 기계화로 잠재운 것이다. 두 번째 불은 서로 길들이는 일종의 파트너십이었지만, 세 번째 불은 도구에 불과했다. 날것의 힘이었다.

지금껏 살펴본 세 가지 불은 서로 경쟁하고 보완하며 때로는 공모했다. 생태학계의 삼체 문제Three-body problem(질량을 가진 세 개의 물체가 서로 만유인력으로 당기며 운동할 때 그 궤도를 구하는 문제. 저자는 세 가지 불을 질량을 가진 세 개의 물체로 취급하고 서로 상호작용한다는 점에서 삼체 문제에 빗댄 것으로 보인다-옮긴이)로 볼 수 있다. 그러나 지난 세기에 이들 사이의 상호작용 양상은 바뀌었다. 뒤집힐 때도 있었다. 물 흐르듯 자연스레 형태가 변하던 시절을 지나 서로의 영역이 확고하게 구분된 것이다. 지구에서 불의 양상은 정점을 지나 새로운 국면으로 접어들었지만, 한때 친근했던 불이 야생 들불로 쉽게 바뀌지는 않았다. 전에 없이 지구에는 해로운 불이 지나치게 많아졌고 이로운 불은 상당히 적어졌으며 전반적으로 연소가 과하게 일어났다. 틀어진 것은 불과 기후 사이의 간접적인 관계뿐만이 아니었다. 불의 존재 자체가 불안정해졌다. 인류의 발화 행위가 생태계에 마련된 기존 방화벽을 가뿐하게 타넘었다. 불이 더 많은 불을 낳는 환경을 조성했다. 인간은 자신도 모르게 불의 시대를 열었지만, 그런 세상에서 살 수 있는지는 불확실하다.

일부 학자는 미래가 너무 심각해 보이고 가능성 큰 시나리오가 과거와 상관없이 예상과 달라졌다고 주장한다. 아무런 서사도 유사성도 없는 내일로 향한다며 우려를 표한다. 다가올 격변이 상상할 수조차 없을 만큼 거대한 탓에 과거를 미래에 통합하던 그간의 지식 흐름은 산산히 부서졌다. 곧 다가올 경험에는 전례가 없다. 삼각 측량처럼 축적된 지혜를 기준으로 삼던 과거와는 달리, 미래를 예측할 수 있는 수단이 전혀 없는 것이다.

그러나 이는 오해다. 불의 과거는 여전히 서문으로 남아 서사와 유사성을 제시한다. 한때 한두 종류의 불이 있던 지역에 이제는 세 종류의 불이 있다. 이것이 서사다. 서로 다른 세 가지 불의 양상이 홍적세 빙하기에 견줄 정도인 불의 시대를 빚어낸다. 이것이 유사성이다. 지난 간빙기 이래로, 우리는 결국 불의 영향을 받는 시대로 이어지는 불과 친한 세상을 만들어왔다. 이런 세상은 불처럼 더 많은 불을 낳는 자가 촉매 특성을 띤다. 얼음이 퍼지며 지구를 빙하기에 몰아넣은 시절이 있었지만, 이제는 무분별한 발화가 지구를 불의 시대로 몰아가고 있다.

화염세를 연 장본인은 우리다. 그리고 우리는 이제 그 안에서 살아야 한다.

1장
첫 번째 불:
자연의 불

T H E   P Y R O C E N E

불의 행성:
느리게, 빠르게, 오래 타는 불

불이 있는 행성은 지구뿐이다. 이 놀라운 상황을 잠시 짚고 넘어가자. 행성들 사이에서 불은 생명만큼이나 드물다. 생명체가 살아가는 세상의 산물이기 때문이다. 지구에서는 해양 생물에서 산소 대기가, 육상 생물에서 불이 잘 붙는 탄화수소가 등장했다. 식물은 육지에 뿌리를 내리자마자 벼락을 맞고 불타올랐다. 그 이후로도 계속 타고 있다.

산소는 다른 행성에도 있으며 그중 화성이 가장 유명하다. 나머지에는 가연성 물질이 그득하다. 토성의 위성인 타이탄 Titan만 봐도 대기가 메탄이다. 기체 행성에서는 벼락이 친다. 그러나 필수 요소를 전부 갖추고 있거나 요소 간 결합이 가능한 행성은 없다. 생명체가 있는 데다가 불까지 있어서 불을 다루는 지적 생명체가 존재하는 외계 행성을 발견할지도 모른다. 그러나 현재로서는 아는 게 아무것도 없고, 무언가 찾는다고 해도 너무 멀어 지구와 비교할 수 없다. 우리는 유일하게 생존 가능한 불의 행성에서 산다. 만약 먼 미래에 언젠가 다른 행성에 갈 수 있다면, 아마 불기둥을 타고 가지 않을까.

불이 지구에 뿌리내린 역사

지구의 불에는 역사와 고유한 서사가 있다. 불이 없던 시절이 있었지만, 지구 자체가 폭발하는 태양의 제물이 돼 더는 번성하지 못하리라 상상하기는 어렵다. 육지가 사라지고, 대기 중 산소가 흩어지며, 육지와 대기 사이의 전기 불균형이 일으키는 벼락도 사라지고, 에너지를 육상 물질로, 탄화수소 분자를 다시 에너지로 전환하는 다른 방식을 모색해야 할 것이다. 이론상으로는 다 가능하다. 지구에서 일어날 법하진 않지만 말이다.

불의 역사는 곧 육상 생물의 역사다. 불이 진화 과정에서 정교해지면서 새로운 종류와 양상을 보이며 변화무쌍한 생물군에 녹아들고 새로운 형세로 접어들며 다른 요소와 단단히 얽히는 것은 생명체의 역사와 비슷한 정도가 아니라, 공생이라고 할 만큼 밀접한 생명체와의 공동 진화로 볼 수 있다. 불에는 생명이 없지만, 생명체의 부름을 받아 유지되기 때문에 바이러스처럼 생물의 특성들을 공유한다. 불은 살아 있는 생물군을 먹고 살며 연소라는 전염을 일으킨다. '살아 있는 듯한 불'이라는 표현은 괜한 말이 아니다.

불은 물질이 아닌 반응이기에 환경이 받쳐줘야 발생한다. 불의 역사는 불을 일으키는 요소의 역사이며 그 요소가 한데 모인 이력이기도 하다. 불은 운전자 없는 자동차처럼 운전대에 올려둘 손이 없다. 주위 환경을 합성할 뿐이다. 불은 자신이 처한 맥락에서 특성을 갖춘다. 그리고 주위의 모든 것을 통합하면서 길을 내달린다. 공기, 물, 흙, 발화, 생명체처럼 불 역시 시간에 따라 변한다.

가장 오래된 요소인 벼락부터 살펴보자. 지구에는 불꽃이 많이 튀며 낙석, 산사태, 화산, 자연 연소 그리고 이따금 유성 때문에 불이 난다. 그러나 전 지구적 규모로 유행처럼 이는 연소를 설명할 수 있는 것은 벼락뿐이다. 초기 지구 시절부터 그랬다. 무자비할 정도로 여기저기서 치는 벼락 때문에 불은 근본적이고도 아주 오랜 역사를 가지며 어디든 들이닥칠 수 있는 것이다.

벼락은 변덕스럽다. 지구 전역에서도, 헤아릴 수 없이 오랜 세월 속에서도 일정하게 발생하지 않았다. 특정 시간에 무리 지어 나타나며 천둥이 잘 치는 지역에 묶여 있다. 그중에서도 구름 사이가 아니라 땅과 구름을 잇는 벼락만 불을 일으킬 수 있다. 돌산 정상이나 호수가 아니라 불에 잘 타는 것을 내리쳐야 한다. 게다가 적절한 전기 특성을 가지고 고동치며 터질 듯 열이 차 있어야 한다.

불과 벼락 양쪽 모두 습기와 건조함이 보여주는 복잡한 춤사위가 중요하다. 습기가 있어야 폭풍우가 몰아치고 벼락이 친다. 너무 습하면 발화가 억제되지만, 어느 정도 습해야 미래의 연료가 성장할 수 있다. 즉, 습도가 높으면 연료가 타지 않고 낮으면 불이 번질 수 없다. (플로리다 중부 등지를 제외하고) 폭풍우가 숨 돌릴 틈 없이 몰아치는 지역과 벼락 때문에 화재가 일어나는 지역은 다르다. 비가 증발하거나 비와 상관없는 마른벼락은 일반 벼락보다 불을 더 많이 일으키며, 이런 벼락에서 생기는 불꽃은 분명 폭우에도 살아남을 것이다.

불은 벼락에 비하면 드물지만, 조건이 맞아떨어지면 떼 지어 발생한다. 미국 내 번갯불 진원지인 남서부는 가뭄과 몬순Monsoon, 산과 사막이라는 마른벼락에 이상적인 환경을 갖추고 있다. 그러나 마른벼락이 드문 곳에도 화재가 일어날 수 있다. 1987년, 최악의 화재를 겪은 캘리포니아 북부에서는 4,161건의 발화가 있었고, 그중 92건의 피해 지역이 300에이커 이상이었다. 2008년에만 벼락 때문에 3,600건 가까운 화재가 발생했으며, 그중 88건이 1,000에이커 이상으로 몸집을 불렸다. 2020년에는 기록적인 더위 속에 1만 건 이상의 벼락이 집계됐고, 그로 인해 주로 코스트산맥^{Coast Range} 주위에서 400~500건의 화재가 일어났다.[1]

생명체와 벼락 사이의 상호작용은 불공평하다. 벼락은 생명 현상이 아니라 지구물리 현상이기 때문이다. 식물은 벼락에 적응하지만, 벼락은 식물에 적응하지 않는다. 목성이나 천왕성에서도 지금만큼 잘 발생할 수 있다. 가문비나무며 석회암 절벽까지 가리지 않고 떨어질 수 있다. 더 큰 나무가 벼락을 더 많이 맞는, 매우 간접적인 경우를 제외하면 생태계가 벼락에 영향을 줄 방도는 없는 듯하다. 벼락은 생명체 없이도 존재할 수 있지만, 불은 생명체의 진화를 공유한다. 생명체가 한꺼번에 소멸해도 벼락은 계속 내리칠 것이다. 불은 사그라지겠지만.

불이 나려면 발화로는 부족하다. 이 시점에서 생명체가 한데 섞여 연소를 유도하고 적절한 맥락에서는 불까지 일으키는 산소와 연료라는 나머지 두 요소의 탄생에 이바지했다.

처음에는 해양 생물이 대기를 산소로 채웠고, 나중에 육상 생물이 땅 위에 연료를 거품 내듯 쌓아갔다. 그런 생태계 산물과 벼락 때문에 생긴 불꽃이 만나 불이 나타났다. 화성 같은 행성은 적절한 환경이 조성되지 않아 생명체가 없는 게 아니라, 생명체가 없어서 그런 환경이 조성되지 않은 것이다.

뒤이어 산소를 포집하고 길들이는 여러 유기체가 나타났다. 가장 초기의 (해양) 생물 형태는 산소가 없는 환경에서 등장했다. 최초의 광합성 생명체는 혐기성이었다. 오늘날에도 여러 생명체가 산소가 퍼져 있는 영역 아래인 늪, 호수, 바닷속 혐기성 환경에서 번성하며, 열수구 주위로 화학 체계가 근본적으로 다른 심해 생태계가 존재한다. 이런 생물군에는 산소가 유해할 수 있다.

그러나 당시 우세했던 생물 형태는 산소라는 위기를 기회로 삼았다. 산소를 포집해 품고 목적에 맞게 길들인 것이다. 수억 년 후 불을 다루던 인류의 본보기다. 그들은 산소를 받아들이기만 한 게 아니라 생산까지 했다. 유기 공급원과 지질 처리원 사이에서 경쟁이 시작됐다. 생명체가 산소를 방출하는 새로운 방식을 발전시키는 동안, 암석은 산소를 흡수하는 새로운 방식을 찾았다. 23억 5000년에서 7억 년 전, 대산화사건 Great Oxidation Event 이 일어나는 동안 대기 중 산소가 증가하고 안정화되면서 공급원이 처리원을 압도했고 호기성 광합성과 호흡이 지구 생명체가 따라야 할 규범이 됐다. 화학 독소가 생화학 필수품으로 진화한 것이다. 이후로 지질 시대가 이어지는 동안 대기 중 산소 농도는 오르내리기를 반복하면서 14~16퍼센트를 유지했다. 이보다 적으면 생물군을 태우기 어렵고, 30~35퍼센트가 되면 불길을 잡기 어렵다.[2]

이제 새로운 과정인 연소가 일어나 널리 퍼질 수 있었다. 연소를 일으키는 화학이 '생'화학이라는 사실에 주목하라. 연소는 생명체 내에서 생명체가 만든 수단을 통해 발생한다. 세포 속에서는 여기저기 기웃대는 산소의 무분별한 파괴 행위를 막기 위해 철저히 통제되지만, 자연 경관에서는 거의 제한 없이 바람과 습도, 계절, 강우와 가뭄, 협곡에서 산맥에 이르는 다양한 지형, 인간의 영향을 거의 받지 않는 생물군이 이루는 끝없이 복잡한 배열에 반응한다.

육상 생물은 불을 통제할 방법을, 아니면 최소한 불의 특성에 영향을 줄 방법을 찾아야 했다. 그렇지 않으면 자라난 모든 것이 불길에 전멸할지도 모를 일이었다. 결국, 산소와 함께 벌어진 일은 불과 함께 일어난 일이다. 생명체는 잠재적 독소로 취급되다가 이제는 규범이자 없어서는 안 될 존재로 변모한 산소를 늘리는 방향으로 움직였다. 육상 생물과 불은 같은 생물망 속에서 함께 진화했다. 상호의존하면서 흥미로운 방식으로 공의존하게 된 것이다. 불은 바람이나 홍수처럼 생명체가 경험하는 외부 환경이 아니라, 생명체 자체의 특성에서 출현한 것이었다.

지구 대기는 연소를 위해 만반의 준비를 마친 무대이며, 연소의 결과이기도 하다. 제임스 러브록James Lovelock(지구를 살아 있는 거대한 생명체로 여기는 '가이아 이론'을 창시한 영국의 과학자 – 옮긴이)의 말처럼 "공기를 가연성 기체, 탄화수소, 산소끼리 섞여 내연기관으로 빨려 들어가는 기체 혼합물이라는 주장이 허무맹랑한 소리는 아니다. 그런 식으로 따지면, 화성과 금성의 대기는 진이 다 빠진 배기가스와 같다." 대기와 불의 이런 상호의존 특성은 미묘해서, 불이 자신의 무대인 대기에 영향을 줬는지부터 물어야 불이 일으키는 모든 결과에 본보기를 마련하고 연구를 시작하는 데 유용할 것이다.

지구 형성 측면에서 불이라는 빠른 연소는 호흡이라는 느린 연소와 무엇이 다를까? 자유로이 타오르는 불은 전 세계 산소 순환에서 중요한 과정일까, 아니면 지구화학적으로 끼워 맞춘 것에 불과할까? 숯 화석이 많은 지질 시대에는 산소 농도가 높았을 것이다. 반대의 경우에는 산소 농도가 낮았음

을 유추할 수 있다. 빠른 연소인 불이 일어날 환경은 오르내리는 산소 농도와 함께 변한다.[3]

지질 시대 내내 타오르던 불에는 어떤 특성이 있었을까? 불은 과거에도 지금처럼 어떨 때는 강하고 어떨 때는 약하게 등장했지만, 두 경우 모두 태울 수 있는 생물군의 특성에 따라 정해진 운명을 맞았다. 축축한 통나무가 타려면 산소 농도가 상당히 높아야 하고, 야트막한 메마른 풀숲에서 발화를 막으려면 산소 농도가 꽤 낮아야 한다. 어떤 상황이든 불은 연료의 힘을 빌려 대기를 형성하는 것 같다. 결국, 대기에 산소를 뿜어내는 광합성 식물이나 활활 타오르는 불을 일으키는 식물이나 다를 바 없는 것이다.[4]

불의 특성을 찾으려던 질문은 갈피를 못 잡고 뫼비우스의 띠처럼 뱅뱅 돌기 시작한다. 산소뿐만이 아니다. 반응과 통합이라는 고유 특성을 보이는 불과 같은 현상에는 불가피한 순환이 어쩌면 당연할지도 모른다.

불의 생물학적 특성

생물학적으로 불은 근본으로 돌아가려는 성질을 띤다. 불은 광합성 산물을 분해한다. 이런 현상이 세포에서 일어나면 호흡이다. 대사가 빼곡히 적힌 대본대로 결합한 분자 사이에서 산화가 발생하는 현상으로, 느린 연소의 일종이다. 똑같은 일이 넓은 세상에서 일어나면 불이다. 거친 지형, 사나운 공기 덩어리, 끝없이 진화하는 생물상이라는 본질적으로 무한한 환경 속에서 산화가 발생하는 현상이다. 일종의 빠른 연소다. 두 과정은 데본기 Devonian 이후로 4억 2000만 년 이상 이어져 왔다. 연대기적으로 오래된 것이다. 이처럼 불은 느리게, 빠르게, 오래 탄다. 골짜기를 타고 흐르는 물, 비탈을 수놓는 식물처럼 불은 지구를 이루는 근간이다.

 산업화 세상에 살면서 기계를 매개로 화력을 경험하는 사람들은 이런 시각에 공감하기 어려울 수 있다. 대개 TV 화면을 통해 불을 시각적으로 경험하기 때문이다. 어둠을 밝히고 조리와 난방은 물론, 들판과 목초지를 되살리고 들불을 막는 등 더는 일상생활에서 화염에 의존하지 않는다. 인공 경관에서 화염을 통제하는 실질적 이유가 있지만, 문화 편향 역시 존재한다. 유럽의 경우, 오랫동안 철학자들은 불을 사용하는 행위를 원시적이라고 폄훼했으며 화전을 본 농학자들은 이성이 채 발현되지 않은 미신으로 여겼다. 심지어 '선진국'이라는 말은 산업화를 거치며 마구 날뛰는 화염을 기계에 가둬 통제 연소로 대체한 국가를 나타낸다. 이처럼 눈에서 멀어진 불은 마음에서도 멀어졌다.

 이런 상황에서 불은 실체적 과정으로만 그려질 뿐이다. 탄화수소의 산화, 즉 물리적 환경 속에서 구현되는 화학적 사건으로 정의된다. 물리 화학적으로 해체된 후 난로, 촛불, 용광로로 옮겨갈 수 있는 현상처럼 보인다. 빛, 열, 연기만 나고, 화염으로 번지지 않도록 통제될 수 있는 것이다. 활활 타오를 수도 있지만, 그런 경우는 사고나 방화 아니면 거의 항상 재난 때문이다. 불은 요소로 쪼개져 개조를 거친 후 본모습을 숨긴 채 연소 세상을 지탱한다. 사람들이 생각하는 불은 토네이도, 해일 또는 홍수와 같은 물리적인 힘이 일으킨 발작이다. 외부에서 경관에 들이닥친 존재인 것이다. 홍수 난 물골처럼 불에 적응할 생태계와 달리, 화산이나 지진 앞에 무력한 생명체는 이런 에너지 충격에도 손끝 하나 대지 못한다.

 그 불은 앞에서 소개한 다른 폐해와 본질부터 다르다. 먹잇감이 모두 모인 자연 경관의 특성에서 비롯한다. 생태 과학에서 공식적으로 불을 '폐해'라고 하지만, 이는 비와 동류로 구분한 모델링의 허점이다. 게다가 불에 작용하는 화학은 '생'화학이다. 허리케인, 홍수와 달리 불은 생물과 별개로 일어날 수 없다. 생물망에서 배를 불리고 힘을 얻는다. 바람이나 얼음 폭풍보다는 풀을 게 눈 감추듯 먹어 치우는 초식동물에 가깝다. 바이러스처럼 생명을 담고 있지는 않지만, 생태계에 기대어 번진다. 종종 유행병이 들불처럼 퍼진다고 하나, 불이 전염병처럼 번진다는 표현 역시 이치에 맞는다.

아주 오래전부터 벼락은 발화 단계를 거쳐 불을 일으키는 원인으로 작용했지만, 특정 지역에 몰려 있다. 그다음으로 고려할 요소는, 전 세계적으로 시기를 가리지 않고 보편적인 산소다. 마지막 요소는 연료다. 생명체는 뭍으로 가야 탈 수 있었고, 그 이후에야 연소가 거주지를 마련했다. 빠른 연소인 불과 느린 연소인 호흡이 유기체 사이를 넘나들며 서로 보완하고 경쟁할 수 있었다. 지구 생물권에서는 미생물, 초식동물, 불이라는 세 가지가 생물군을 분해한다. 모두 연소 형태이며, 불을 키우는 모든 요소가 자연 경관에 모여 있다.[5]

연소는 헤아릴 수 없을 정도로 복잡해졌다. 산화에는 세포 속에서 촘촘히 결합한 분자 사이에 일어나는 느린 연소는 물론이고, 근본적으로 거친 지형, 소용돌이치는 공기 덩어리, 끝없이 진화하는 생물군 등 제약받지 않는 환경 속에서 일어나는 빠른 연소도 있다. 불은 주위 환경을 합성했다. 주변 모든 것의 특성을 보였다. 특정 요소 하나가 아니라 요소 간 상호작용 속에서 탄생한 것이다.

불은 생명체가 바뀌듯 변화해 나갔다. 생산자와 소비자 또는 분해자, 포식자와 먹잇감, 초식동물과 풀이 등장했다가 사라지듯, 생명이 멸종을 살짝 스치고 새로운 형태로 샘솟듯 진화했다. 유기토양, 사바나 삼림, 빽빽한 관목과 무리 지은 침엽수 임관 속에서 이전으로 돌아갈 기미 없이 타올랐다. 더운 김을 뿜어내며 생태 환경과 진화 역사를 보여주는 색인이기도 했다. 불에 적응하지 못한 종은 산소를 받아들이지 못하고 구석진 무산소 환경으로 물러난 혐기성 생물처럼 지구에서 타들어 가지 않는 지역으로 밀려나는 운명을 맞이했다.

그러나 지역적으로나 시기적으로 화마의 영향에서 벗어난 경우도 많을 것이다. 불은 특정한 환경에서 발생하기 때문이다. 불은 시공간 속에서 띄엄띄엄 등장한다. 연료로 쓸 수 없는 생물군이 있으며, 연료로 쓸만하더라도 벼락이 치기 딱 좋은 시간과 장소에 있다는 보장이 없다. 이래서 일시적으로 불구경을 못 하는 지역이 있을 것이다. 그래도 지구 전체에서 불이 사라지리라고는 상상하기 어렵다.[6]

불의 생물적 특성이 유독 매력적인 이유는 그 자체가 진화적 선택의 과정이기 때문이다. 식물은 불에 적응할 수 있었고, 그런 진화를 거친 이후에는 불의 특성에 영향을 미칠 수 있었다. 하지만 노골적으로 말하면, 이 주장은 너무 단순하다. 생명체는 '비에 적응'하지도 '불에 적응'하지도 않는다. 물과 불의 패턴에 적응하는 것이다. 월별 강수량이 고른 환경 속에서 잘 자라는 나무는 석 달 동안 폭우가 내리는 곳에 적응할 수 없다. 마찬가지로 불이 1년 내내 지표면에만 깔리는 환경에 익숙한 나무는 임관을 타고 맹렬히 밀려드는 불길을 견디지 못한다. 연소 체제Fire regime는 기후처럼 통계에 바탕을 둔다. 폭풍이 기후의 일종이듯, 불은 연소 체제에 속한다.[7]

  자연 경관의 복잡성에 따라 불에 대한 적응성은 스펙트럼처럼 펼쳐진다. 불에 딱 맞는 생명체는 몇 없다. 다들 몰려드는 스트레스에 맞서 여러 특성을 보이며 적응할 뿐이다. 불은 지구상 모든 생명체의 발전사라고 할 정도로 꽤 오래전부터 존재했기 때문에 주변 환경에 많이 녹아들었다. 흥미롭게도, 이러한 적응 앞에는 두 갈래 길이 나 있다. 일단 두꺼운 껍질 안에 숨고 꽃과 씨앗을 위해 빽빽한 잎을 방패 삼거나, 아니면 지하에 꼭꼭 감춰둔 비축물의 도움을 받아 화염으로부터 자신을 보호한다.

  대초원에서 이런 광경을 볼 수 있다. 빅 블루스템이라는 식물은 주로 지하에 서식해서 가뭄과 초식동물을 피하고 불까지 이겨낼 수 있다. 건기 동안 불이 나고 이후에 싹트는 파릇파릇한 풀잎에 초식동물이 군침을 흘리기 때문에 이 식물은 건기, 불, 초식동물이라는 세 가지 스트레스에 모두 적응하는 특성이 있다(갓 자란 생명체를 찾는 성향은 보편적이고도 오랜 역사를 자랑한다. 안킬로사우루스Ankylosaur 계통의 초식 공룡인 노도사우루스Nodosaur의 위 속 내용물 화석에 숯이 있었던 것을 보면, 1억 1000만 년 전에도 풀이 먹이가 되고 불이 존재하는 생태계가 이미 구축됐으리라 짐작할 수 있다).[8]

반면, 불에 딱 맞는 특성을 보이거나 경쟁 우위를 점하기 위해 불의 힘을 빌리는 생명체도 있다. 캘리포니아 수풀 지역에 서식하는 차미스Chamise(장미과의 상록 관목 – 옮긴이)는 마른벼락이 치거나 강풍이 부는 시기에 맞춰 자그마한 잎을 틔우고 짧은 가지를 세우며 살아 있는 조직보다 죽은 조직을 늘리는 식으로 적응한다. 게다가 연소에 유리한 화학 조성을 보인다. 꼭 닫힌 원뿔 형태로 있다가 주로 불기운을 받고 경쟁자 없는 잿더미 속에 씨앗을 심는 늦된종자Serotiny의 특성은 불을 피하려는 식물의 특성과 양립하기 어렵다. 그러나 가문비나무, 방크스소나무Jack pine와 같은 아한대 침엽수에서는 흔하며 남아프리카공화국 핀보스Fynbos의 일종인 프로테아Protea에서도 이런 특성이 나타난다. 화학적 가연성을 높이거나 나뭇잎과 가지를 태우는 수관화Crown fire를 매개로 씨앗을 퍼뜨리는 특성은, 불이라는 피할 수 없는 존재를 향한 역설적 수용이라고밖에 볼 수 없다.

  일상에서 불을 가까이하면서도 서식지를 지키려 불에 맞서야 할 필요가 없는 사람들에게는 직관적으로 이해하기 어려운 성질이다. 현대 도시는 불을 품기는커녕 쫓아내는 구조로 설계되지만 자연 경관은 다르다. 식물은 더 일찍 활활 타오르고, 끝없이 타들어 갈 수 있도록 무리 지어 성장해 생물군을 소탕하는 데 힘을 보태면 생존 가능성이 커진다. 불이 내뿜는 열과 연기를 매개로 서둘러 꽃을 피우고 잿더미에서 재빨리 다시 자라 경쟁자보다 더 건강한 모습으로 번성할 수 있다면 말이다. 이런 경우, 어느 정도는 불이 필요하다. 실제로 불이 나지 않으면, 그런 종은 물론이고 서식지인 전체 생태계까지 곤경에 처할 것이다.

  불은 발생 환경만큼이나 복잡하다. 비슷해 보여도 원인이 다를 수 있기 때문이다. 19세기 미국에서는 대규모 벌목이 성행하고 인위적 발화로 전원 지역이 들쑤셔지는 통에 초대형 산불이 발생했다. 21세기 들어서는, 수십 년간 불이라고는 경험한 적도 없이 가연성 물질이 가득 쌓였던 자연 경관을 지구 온난화가 뒤흔들어 태워버리는 결과를 낳았다. 마찬가지로 연소 체제에도 다양한 경로가 있어, (지나가던 사람이 불을 내는 식으로) 발화 양상이 같더라도 아한대 삼림, 대초원, 열대 사바나, 관목지에서 각기 다른 배경을 가질 수 있다.

불은 대체 무슨 일을 할까? 불은 정확하고 포괄적이다. 다 흩뜨려놓고 굽는다. 생물군을 해체한 후 타는 과정에서 해방을 맛본 재료를 새롭게 조립할 장소를 마련한다. 화염 주위로 생화학, 종, 공동체가 생태학적 삼각형을 이루며 순환한다. 불은 분자, 유기체, 경관을 휘젓는다. 식물의 숨을 앗아가고 생태 구조를 분해해 분자를 떠돌이 신세로 만든 뒤 종끼리 섞어 적당한 곳을 물색하고 한동안 에너지와 양분의 흐름을 다시 이어 붙인다. 속도를 점점 붙이며 휘저어 조각내놓고 다시 빚어 숨을 불어넣는다. 불은 급진적이면서도 보수적이다. 기존 질서를 파괴하는 동시에 되돌려 놓을 환경을 촉진하기 때문이다. 경제에 빗대자면, 창조적 파괴의 극치다.[9]

불은 암석, 바람, 물이라는 물리적 맥락 외에 생물망 속에서도 발생한다. 연료, 산소, 불꽃이 자연 경관으로 모여든다. 생물군은 바깥세상 속 온갖 것을 통합한다. 불은 타고 있는 생물군에 이것저것을 합친다. 불은 그런 생물군을 먹고 살며 만들고 소비하고 촉진하면서 곁에 꼭 붙여놓는다. 또한 자신을 일으킨 세상을 거칠고도 섬세하게 빚어낼 수 있다.

수 세기에 걸쳐 인간은 의식을 통해 불을 피우며 나쁜 것을 몰아내고 좋은 것을 불러들이는 불의 힘을 찬양했다. 마녀를 화형에 처하고 불을 피워 소에 들러붙은 기생충을 박멸했다. 젊은 연인은 기름진 땅을 기원하는 의미로 모닥불 위를 펄쩍 뛰어 건넜다. 이런 행위 속에 담긴 인식이 비옥한 범람원 바깥 지역의 농업 양상을 여러모로 뒷받침한다. 연기를 피워 미생물과 경쟁 식물을 몰아내는 동시에 건드리지 못하던 탄화수소 덩어리를 영양소로 변환해 비료 효과까지 누리는 것은 불의 특성에 기댄 응용 생태 활동이다. 그러나 불을 생태학적으로 바라보는 시각이 단번에 뿌리내린 것은 아니었다. 1950년대 후반에야 불의 생태에 이름이 붙었고, 이후 10년이 더 지나고 나서야 윤곽이 잡혔다.

불을 해롭고 원시적이라며 경멸하던 과거 과학계 풍조 때문에 불의 복잡한 성질을 진지하게 탐구하는 학자는 몇 없었다. 오히려 목재로 쓸만한 장성한 나무와 기름진 토양 등 귀한 자원의 화재 피해 양상을 기록하고 불의 거동 방식을 파악할 수 있는 수단을 찾아 불을 통제하려 했다. 반면 그 대척점에서 불을 활용하려던 사람들은 불의 생태 특성뿐만 아니라 전통과 문화를 자랑하는 경관 속에서 생명을 틔우는 방식까지 기록했다. 불에 타는 소나무와 그렇지 않은 소나무, 히커리 Hickory, 참나무 사바나, 풀이 길게 자란 초원, 신비로운 세쿼이아와 불이 서로 어떻게 영향을 주고받는지 조사했다. 불에 적응한 생물군을 통해 불을 없애면 드러나는 해로운 결과를 관찰했다. 마침내, 불을 배제하려는 지배적인 패러다임에 이의를 제기할 만큼 데이터를 충분히 축적했다. 그리고 낯익은 경관 속에서 익숙한 사건을 통해 이런 시각이 입증됐다. 도출한 결과, 다수가 이전 생각을 뒤집었다.

학자들은 불의 활동 영역을 점차 넓게 바라보기 시작했다. 그러자 연기가 성가시기는 해도 대기 속을 활발히 누비며 여러 식물에 영양제 역할을 한다는 사실이 드러났다. 연기는 기둥처럼 피어오르며 바다 곳곳에 해양 생물을 옮겨놓는 해류처럼 미생물을 흩트렸다. 직사광선이 닿지 않는 곳에까지 햇볕을 분산시켜 광합성을 강화하기도 했다. 늦가을이면 강물을 차게 식혀 연어의 귀향을 도왔다. 파인애플과 그라스트리 Grass tree의 개화, 남아프리카공화국 내륙 고원인 벨드 Veld의 무성한 성장도 촉진했다. 숯 역시 바람에 날리고 비에 쓸리는 부산물에 그치지 않고 종종 토양의 중요 요소로 작용한다는 사실이 드러났다. 불은 단순히 영양분을 앗아가고 표토를 휩쓸기만 하는 것이 아니라 바이오차 Biochar를 통해 식물이 잘 자랄 수 있는 기름진 흙을 만들어냈다. 숯이 많은 덕에 숯이 전혀 없는 지역보다 탐스러운 열매를 더 많이 맺으며 생명력이 넘쳐흐르던 아마존 지역처럼 말이다. 변화무쌍한 화력과 대규모 화재를 겪어 군데군데 탄 지형에서 생물 다양성이 태동하기도 했다. 화재 48시간 만에 케이프타운 전역에 굴지성 난이 만발하고, 로키산맥 북부에서는 이글이글 타오르는 수관화 이후로 로지폴소나무Lodgepole pine와 방크스소나무가 대규모로 자생하는 모습이 목격됐다. 화재에 휩쓸려 강으로 흘러 들어간 토양이 해양 속 탄소 퇴적물의 주요 근원이라는 사실도 밝혀졌다.

마침내 학자들은 지구 탄소 순환 속 불의 역할을 이해했다. 불을 연구하니 고대 의식에서 기리던 것이 점점 더 확실해졌다. 불은 손길 가는 대로 갈기갈기 찢고 다시 창조한다. 재활용하고 활기를 불어넣는다. 다양한 효과를 지닌 생태 촉매로서 무기력한 생태계를 뒤흔든다. 불은 이렇게나 광범위하게 지구 생물상과 상호작용하지만, 순전히 우리 의지 때문에 본모습을 잘 드러내지 않는 것 같다.[10]

불은 생태계를 정의할 때도 관여한다. 화재 관리 기관에서 생물군계Biome를 분류할 때는 불과의 관계를 바탕으로 의존성, 민감성, 독립성으로 정리하는 방식이 유용하다. 의존성 생물군계는 불에 잘 적응하고 불 덕분에 생존을 이어가며 불

없는 환경에 견디기 어렵다. 민감성 생물군계는 불과 함께 진화하지 않았고 불에 적응했다는 눈에 띄는 증거도 보이지 않으며 (주로 인간 때문에 발생하는) 불에 피해를 볼 수 있다. 독립성 생물군계는 불을 받아들이고 견디지만, 불이 있어야 생존할 수 있는 것은 아니다. 주로 인간 활동 때문에 민감성에서 의존성으로 바뀌는 것으로 보이는 생태계를 정의하기 위해 영향성 생물군계라는 네 번째 범주를 도입하기도 한다.[11]

2002년 국제자연보호협회the Nature Conservancy, 세계자연기금the World Wide Fund for Nature, 국제자연보존연맹the IUCN-World Conservation Union이 체결한 글로벌 화재 파트너십Global Fire Partnership은 앞에서 소개한 범주를 사용해 전 세계 생태 지역 중 46퍼센트를 의존성, 36퍼센트를 민감성, 18퍼센트를 독립성이라고 평가했다. 또한, 주요 거주 유형 중 84퍼센트로 인해 화재가 빈번하거나 드물고, 또는 이상 양상을 보이는 등 연소 체제가 저하했다고 전반적인 평을 내렸다. 최근 수십 년간 화재 연구가 늘면서 (참나무-히커리 숲과 같이) 민감성 지역이 영향성으로 바뀌는 경향이 있었고, 이는 곧 의존성으로 이어질 가능성이 있다. 인간의 간섭이 늘수록, 범주 이동 역시 빈번하리라 예상된다.[12]

전후사정을 살펴보면 불의 본질은 포스트모더니즘이다.

그간 우리는 탐색을 거듭해가며 불을 발견했다. 불을 이해하려면 그 존재부터 설명해야 했기 때문이다. 그러나 이제는 불의 부재를 둘러싼 새로운 설명이 필요하다.

불의 고생대사

아주 먼 옛날, 지구는 불 없이 오랜 시간을 보냈다. 이후 해양에서 생명체가 등장하면서 불이 아니라 연소만 존재하던 시기가 있었다. 4억 5000만 년에서 4억 2000만 년 사이에 생명체가 육지로 올라오자 불을 일으키고 꺼트리지 않을 만큼의 힘을 비롯한 모든 조각이 맞춰졌다. 연소가 불로 진화했다. 전에 없던 일이었다. 이후로 불이 사라지는 일은 불가능에 가까워졌다.[13]

화석 기록에 따르면, 불은 약 4억 2000만 년 전 관다발 식물이 번성하던 실루리아기 Silurian 초반에 최초로 등장했다. 데본기 Devonian(4억 1900만 년~3억 5900만 년 전)를 지나며 식물이 다분화하여 최초로 숲이 생겼다. 이 시기에는 숯이 퇴적물 속에서 잠깐 자취를 감췄다. 비교적 적은 연료 또는 15~17퍼센트 정도로 낮은 산소 농도 때문이었을 것이다. 그러나 암석에 남은 기록을 지워버리는 침식 때문에 지층 곳

곳에 부정합Unconformity이 있는 것으로 보아 숯 화석(목탄)이 드문 것은 불의 역사 속 부정합에 불과할 수 있다. 이런 사실에도 불구하고 지구에서는 초목이 세를 불려갔다. 약 3억 7500만 년 전, 기온이 내려가면서 온실 같던 기후가 서서히 얼음장처럼 뒤바뀌었다. 생물군이 이동하자 불이 그 뒤를 따랐다. 전반적으로 가연성 물질을 찾아보기 어려운 저연소 세상Low-fire world이었다.

약 3억 5000만 년 전, 한랭 기후가 이어지는 가운데 산소 농도가 높아져 초목이 빽빽한 일부 지역에서는 풍부한 산소와 연료를 바탕으로 한 고연소 세상High-fire world의 시작을 알렸다. 불이 번졌다. 영역을 넓히며 깊게 파고 들어갔다. 이런 고대의 불은 어떤 모습이었을까? 간단히 말해서 자신이 먹어 치우는 연료와 같은 모습이었다. 침엽수와 속씨식물을 태웠고, 열대 진창으로 타들어 갔으며 고지대 관목과 나무를 타고 번졌다. 집어삼킬 수 있는 양질의 연료가 무엇이냐에 따라 몸집을 불리기도, 가라앉기도 했다. 펜실베이니아기Pennsylvanian나 쥐라기Jurassic 때 찾을 수 있는 양질의 연료는 무엇이었을까? 고생대Paleozoic 후반에 긴 바늘 모양을 한 겉씨식물이, 백악기Cretaceous 후반에 낙엽 지는 속씨식물이, 중신세Miocene에 풀이 진화했다. 대기 중 높은 산소 농도 덕분에 주머니쥐만 한 잠자리가 등장하는 등 곤충이 엄청난 크기로 불어났다. 불도 마찬가지였다.

지질 기록은 작고 쉽게 사라지는 것보다 큼지막하고 끈질긴 것을 좋아한다. 숯 화석은 좋은 연료가 가장 잘 보존된 형태다. 고대 폼페이의 탄화된 두루마리처럼 새로운 기법을 통해 화석 기록 또한 점차 더 많이 파악할 수 있다. 초기에 갈대와 비슷한 고생솔잎난류Psilophytes와 양치식물에서 불길이 일자, 한때 축축했던 썩은 부스러기가 모여 생긴 늪에서 쇠뜨기Horsetail, 나무, 잎이 부들부들한 양치식물, 석송의 일종으로 우뚝 솟은 라이코포드Lycopod, 나뭇가지가 층층이 빙 둘러나 있는 '칼라미테스Calamites'가 자라며 생물군계가 풍요로워졌다. 모두 환경만 받쳐주면 연소할 수 있었고, 일부는 점점 번지는 들불 전선을 지탱할 수 있었을 것이다. 오늘날에도 비슷한 식물이 잘 탄다. 야자수는 불이 빗방울이라도 되는 듯 대수롭지 않게 여기며, 고사리는 바람에 날리며 화염을 퍼뜨리고, 늪에서는 가연성 재가 가뭄 탓에 물이 빠진 자리를 채운다. 그러나 그 옛날 레피도덴드로이드Lepidodendroid와 고생솔잎난류가 각각 로지폴소나무, 톨그래스대초원Tallgrass Prairie과 닮은 구석이 없듯, 고대 생물군 사이에서 활활 타던 불은 현재 들불과 비슷하지 않을 것이다.[14]

많이 탄 만큼 많이 묻히기도 했다. 생물군 화석은 퇴적을 거친 거대한 지층을 채웠다. 그중에는 미시시피아기^{Mississippian}와 펜실베이니아기의 석탄층도 있다. 여기서도 역시 불의 존재가 입증된다. 목탄은 펜실베이니아기 석탄층의 2~13퍼센트를 차지한다(숯은 북해 해양 퇴적층에서 '식물 화석의 가장 흔한 보존 형태'다). 불은 자신을 일으킨 생물군을 빚어내기도 했을 것이다. 그러나 불의 순환은 현재 기준으로 균형이 맞지 않았다. 연료 공급원은 불이 자연 소멸할 수 있는 수준을 넘어설 정도로 늘었고 생산자는 분해자보다 앞서 달렸으며 연료는 불에 타는 속도보다 더 빨리 쌓였다. 불을 일으키고 연료와 화염 사이를 중재하고 그도 아니면 (횃불을 들고 다녔다면 실로 끔찍한 광경을 자아냈을 또 다른 랩터인 날쌘 공룡 벨로키랍토르^{Velociraptor}가 아니라) 호주 사바나 북부의 맹금 랩터^{Raptor}처럼 불을 퍼뜨릴 수 있던 환경 속에서 너도나도 진화하는 가운데 생명체가 진화한 것도 무리는 아니다. 그러나 아직 증거는 없다.

 불의 연대기가 가장 오랫동안 끊긴 것은 연료와 산소 모두에 영향을 미친 대멸종 때문이었다. 페름기^{Permian}에서 트라이아스기^{Triassic}로 진입하던 2억 5000만 년 전에 육상에 해양까지 생명체 중 약 90퍼센트가 사라졌다. 생명체가 거의 다

죽어버렸고 불도 마찬가지였다. 트라이아스기 후기까지 불은 맥을 추지 못했다. 그러다 2억 년 전, 트라이아스기에서 쥐라기로 넘어가던 때에 또다시 온 세상이 뒤흔들렸다. 쏟아지듯 형성되는 생물군계 사이에서 불은 이전처럼 활활 타올랐다. 백악기는 온실 기후를 띤 고연소 세상이었다. 산소가 풍부했을 것으로 짐작되는 대기 속에서 꽃을 피우는 속씨식물이 퍼졌고 북극 얼음은 자취를 감췄다. 고사리 대초원, 침엽수림, 낙엽수림, 공룡과 함께 많은 숯 화석이 있었다. 6500만 년 전 제3기Tertiary의 시작을 알렸고 칙술루브Chicxulub 운석 충돌로 유명해진 또 다른 멸종과 함께 끝난 시대였다.

   운석이 충돌하면서 화재가 얼마나 많이 일어났을지 정확히 알 수 없다. 운석에서 떨어져나온 입자가 우박처럼 떨어지며 짧게 타올랐지만, 지구는 우주 차원의 화전으로 보일 만큼 큰 화재를 겪었고 덕분에 미래에 쓸 연료를 많이 남겼다. 목탄을 봐도 알 수 있듯 불은 백악기-제3기 멸종 내내 분명 동식물처럼 자신의 특성을 바꿨을 것이다. 말하자면 공룡의 불이 포유류의 불에 자리를 내어준 것이다.[15]

   제3기 무렵, 퇴적층에서 목탄의 비율이 1퍼센트 미만으로 떨어졌다. 산소는 안정화돼 현재 수치에 가까워졌으므로 더는 불을 일으키는 변수로 우선 고려할 필요가 없었다(오늘날,

석탄기 Carboniferous 이후 어느 시대와 비교해도 화학적 활성도가 낮은 대기에서 불이 난다). 기후와 생물상 진화가 중요해졌다. 그러나 약 5500만 년 전에 발생한 강력한 지구 온난화인 고신세-중신세 최대온난기 Paleocene-Eocene Thermal Maximum 에 해당하는 숯 화석이 별로 없다. 무언가 불을 잠재운 건지, 증거가 아직 나오지 않은 건지 불분명하다. 그러나 분명해진 불의 부재는 주목해야 한다.[16]

이후로 불의 행성인 지구에 연소 양극성을 잘 보여주는 두 사건이 일어났다. 일상적으로 불이 날만한 장소가 아닌 우림과 불이 잘 꺼지지 않는 초원이 등장한 것이다. 특히, 초원 중에는 광합성 효율이 높고 유난히 잘 타는 C4 식물로 구성된 초원인 사바나까지 나타났다. 이런 환경에서는 '화재-초원 협력 체제'가 득세하고 지배적이기까지 하다. 초원은 숯이라는 기존 공급원을 대체한다. 새로운 생물군계가 등장했다는 것은 기후, 산소, 이산화탄소, 불활성 탄화수소와 같은 물리적 요인뿐만 아니라 생명체의 반응과 개입이 전체 시스템에 영향을 준 결과가 곧 불이라는 사실을 강력히 전달한다. (민둥빕새귀리 Cheatgrass 나 티라노사우루스 임페라토르 Imperator 와 같은) 새로운 생명체는 연소 체제가 산소와 기후의 영향을 받지 않게 재구성할 수 있다.

이처럼 불의 역사는 지구 지질 시대와 평행선을 그린다. 불은 요동치듯 쉼 없이 진화하는 요소를 따라 기이한 생태를 키워나갔다. 핵심 화학은 그대로였지만 산소, 기후, 동식물 개개의 역사와 함께 경관 속에서 다른 모습을 보였다. 오르내리는 산소 농도에 따라 활활 타올랐다 잠잠해지기를 반복했다. 한랭 기후와 온난 기후 사이를 오갔다. 그러다 육상 생물을 휩쓸고 재구성한 대멸종이라는 큰 충격에 힘없이 스러졌다. 그동안 생명체는 은근슬쩍 다른 방식으로 불을 받아들였다. 실제로 숯은 더 분해되지 않고 기록을 보존한다. 불이 자신을 수단 삼아 제 역사까지 보존한 것이다. 불은 배우이자 기록 보관 담당자였다.

이제 260만 년 전 이야기를 살펴보자. 아직 선신세^{Pliocene} 이던 당시에 지구는 서늘해졌다. 그러나 얼음 창고 같던 세상에 다른 요인이 겹쳐 원 상태로 돌아가며 빙하기와 간빙기가 짧은 주기로 반복되는 특징을 보였다. 홍적세에 이르자 다섯 번째 대멸종과 함께 자리 잡은 한랭 다습한 기후가 불의 기세를 꺾었다. 그러나 진화하는 생물 속에서 저항이 태동했다. 인류가 등장해 불을 이용할 수 있게 되고 가장 크게 확장했던 빙하가 줄어드는 등 상황이 맞아떨어지자 지구상에서 불의 역할이 재정의됐다. 전 세계적 리모델링의 시작이었다.

　이런 대서사시를 웅장함은 물론이고 세세함까지 놓치지 않고 대용물을 앞세워 써 내려간 기록이 남아 있다. 식물은 주로 셰일과 석탄에 보존돼 있다. 이산화탄소와 산소 농도는 탄산염암과 숯에서 추론한 결과다. 불의 역사도 별반 다르지 않다. 특정 지역에서 방대한 시간을 지워버린 부정합이 들어차 있는 암석을 보고 연소 결과물에 따라 산소 농도 등을 추론할 수 있는 지질 역사 전반을 따른다. 우리는 이런 불완전한 기록 속에서 불의 지질 역사라면 뭐든 알고 있다.

　불을 관찰한 결과, 유독 두드러진 특징들이 있다. 첫째, 유구한 역사와 타고 난 자연 의존성이다. 불은 환경이 갖춰지자마자 등장했고 환경 변화에 따라 진화했다. 오르내리는 기온에 따라 저연소 세상과 고연소 세상을 열었다. 게다가 익룡, 아파토사우루스Apatosaurus와 함께 소멸한 일부를 제외하고 빠른 연소로서 명맥을 이어나갔다.

　둘째, 고생대 석탄층을 보면 알 수 있듯 탈 가능성이 있는 것과 실제로 탄 것 사이에 생물학적으로 큰 차이가 존재했음이 분명하다. 불에 탄 생물군도 많지만, 매장만 된 것도 많기 때문이다. 생물군이 있어도 곧바로 불이 나지는 않았을 것이다. 우기와 건기가 초목을 키웠다가 바싹 말릴 정도로 이어지지 않아서, 생물을 우적우적 씹고 오도독 으스러뜨려 불에 탈 수 있는 상태로 만들 만한 동물이 없어서, 또는 산화(와 화재)가 불가능할 정도로 늪이 많은 것을 품고 있었기 때문이다. 생물이 연료가 아니라 물질에 불과했던 것이다. 발화의 불규칙성과 불의 지나친 국지성 역시 원인으로 지목된다. 연료는 습한 곳에 피신할 수 있었고 계절에 따라 화마를 피해 숨을 돌릴 수 있었다. 지구에는 연료와 불 사이를 중재하는 생명체가 드물었다. 탄소가 상당량 쌓이면서 불로 이어지지 않자, 불이 흔한 오늘날과 마찬가지로 지구 기후에 변화가 일어났다.

왜 그런 일이 생겼을까? 아마 자연 속에서 불을 일으키는 요소 중 생물학적 통제를 벗어나는 것이 있던 모양이다. 먼 옛날, 지구 생명체 DNA에 느린 연소가 각인됐다. 이후, 그 생명체가 빠른 연소를 일으키는 환경을 조성하는 위치에 올라섰다. 그전까지는 어쩌다 한 번씩 연료와 산소가 결합했고, 결과가 좋으면 크고 작은 불을 일으켰다. 불을 다루는 호미닌이 등장과 함께 이런 상황을 정리했다. 최초로 공기만큼이나 일정하게 발화를 일으켰고 호모 사피엔스가 우세해지며 연료로 화염을 일으킬 준비를 했다. 연료 공급에 제약받기는커녕 연료로 쓸 식물을 심고 베었으며 고대 암석에서 가연성 물질을 추가로 캐내기까지 했다.

 오늘날 상황은 정반대다. 탄소는 생물권에 새까맣게 있다가 자연 발화를 거쳐 곧장 숯이라는 암석권 물질로 변하며 여전히 순환하고 있지만, 이제는 저장이 아니라 방출되고 있다. 인간은 생물군 화석을 캐내 상당한 규모로 태워 연소와 연소 체제를 지질 시대로 확장하고 있다. 고대에 탈 수 없던 것이 지금 타고 있다. 점차 인간의 의지에 따라 불의 한계가 결정됐다.[17]

계몽주의: 불의 암흑기

인류는 200만 년 이상 불을 이용했고 불 없이 존재할 수 없었다. 불이 나는 곳에서 번성했고, 건·우기가 없어 불이 나지 않는 암석 사막, 습한 우림, 그늘진 숲에서는 생존하려 고군분투했다. 사회 역할, 규범, 법, 의식, 관습에 불과 관련된 전통이 뿌리내렸다. 집, 공동체, 들판, 목초지, 사냥터, 열매 수확지, 길에서 불을 밝혔고, 창조신의 자취를 따르는 노랫길 Songline을 갈 때도 마찬가지였다. 불을 통해 전쟁을 벌이고 평화를 기리기도 했다. 그러면서 불과 공존하게 됐다. 불을 피워 돌보고 길들였으며 신화에 녹여냈고, 불을 주제로 온갖 이야기를 전했다.

　이후 온대 유럽에서 현대 계몽주의 과학이 등장하고 이를 바탕으로 기술이 탄생하면서, 구체적으로 앙투안 라부아지에Antoine Lavoisier가 산소를 발견한 시점부터 인류는 호미닌 시절부터 이어지던 불과의 관련성을 잃기 시작했다. 불은 세상과 인간 사회를 가득 채우던 과거를 뒤로하고 인간에게 힘을 보태는 단순 도구로 전락했다. 엘리트 계층은 불을 해체해 기계 안에 집어넣거나 충분한 숯을 증기로 승화시켰다. 통제되지 않는 불은 미신과 마술의 기운을 풍겼다. 위험하고 불필요해 보였다. 그럴 때면 과학이 나서서 불의 대체물을 만들거나, 상황이 여의찮을 때는 불을 진압했다. 세대를 걸쳐 내려온 지식에도 같은 일이 벌어졌다. 친구이던 불이 적으로 변했다. 연소는 여전히 유익한 대상이었지만, 지구에 지장을 주는 인위적인 힘이 솟아나는 무한한 원천에 불과했다. 역류는 거대했다.

　불을 둘러싼 이야기 중에서 유럽인들의 시각을 엿볼 수 있는 내용들이 특히 흥미롭다. 지중해 지역은 불을 인정해 4대 원소 중 하나로 지정했고, 올림포스의 12신 중 베스타Vesta와 불카누스Vulcanus라는 신을 통해 숭상했으며, 과학과 철학의 주요 의제로 만들었다. 관리와 농학자의 우려에도 불을 널리 사용했다. 매년 건기와 우기가 되풀이되고 간헐적으로 가뭄의 영향을 받는 지중해 기후에서 자연 경관이 타들어 갔다. 그래도 사람들은 불을 길들일지언정 아예 거부하지는 않았다. 대조적으로, 북부와 온대 유럽에서는 불을 일으킬 자연 기반이 없었을뿐더러 건·우기 주기도, 마른벼락과 산바람도 없었다. 불의 행성인 지구에서는 매우 이례적인 지역이었다. 불은 자주 났지만, 다 사람들이 놓은 것이었다. 살 곳을 마련하려면 불을 이용해야 했지만, 경제 현대화와 관련된 엘리트 계층은 불을 미심쩍게 생각한 끝에 경멸하며 대체물을 간절히 원했다. 유명한 불의 신 로키Loki는 북유럽 신화에서 구제 불능 사기꾼으로 등장한다.

이런 차이는 매우 중요하다. 온대 유럽 국가가 현대 과학의 중심이 돼 18세기에서 19세기에 다시금 등장한 유럽 제국주의 흐름을 이끌었으며 화석연료를 이용한 새로운 연소 형태를 구축했기 때문이다. 그들은 불의 고집을 꺾고 손발을 묶어 주위에 영향을 주지 않고 불을 활용하려 했다. 연료를 캐내고 매캐한 연기를 들이마시며 까탈스럽게도 계속 신경 써야 하는 부담을 털어버리고, 기계에 넣어 불에 담긴 힘만 뽑아 쓰기를 원했다. 엘리트 계층은 불을 사용하는 방식을 비교해 사회 체제와 발전을 나타내는 지표로 삼았다. 엔진과 용광로에 사용되는 불은 합리적이고 괜찮지만, 들판과 목초지를 태우고 번져가는 불은 미심쩍고 불길했다. 산업 연소가 대안으로 자리 잡자 추론의 산물로 등극했고, 불은 야만스러운 유물 신세가 됐다. 다른 지역과 마찬가지로 온대 유럽 사람들 역시 자신과 주위 경관이 곧 규범이라고 여겼다. 엘리트 계층은 계몽주의 과학을 지식의 정점이라고 생각했고 산업계에서 거머쥔 새로운 힘을 보고 불을 대체하는 이상적인 대용물이자 생물학(과 합성)을 상대로 (환원주의 Reductionism와) 물리학이 거둔 승리로 받아들였다. 온대 유럽은 다른 지역과 달리 전 세계적으로 불의 역사에 영향을 미치는 자리에 있었다.[18]

1848년, 마이클 패러데이 Michael Faraday는 초 한 자루로 현대 과학 원리를 전부 보여주며 모든 청중이 시연을 이해하리라 믿었을 것이다. 그러나 작업 현장에서 불은 자취를 감췄다. 나무와 밀랍 대신 석탄이, 그 뒤를 이어 석유가 원동력이자 빛의 원천이 됐다. 1세기 후, 대학 내에서 불과 관련된 것이라고는 경보 소리에 인력을 급파하는 소방서뿐이었다. 일상에서 불이 썰물처럼 빠지자 엘리트 계층은 팔을 걷고 자연 경관에서 불을 없애는 작업에 나섰다. 석탄층에서 목탄이 발견되자 처음으로 특성을 논한 뒤 찰스 라이엘 Charles

Lyell의 의견을 묵살하고 그것은 숯 화석이 아니라고 주장하며 암석 경관과 지질 역사에서 불을 배제했다. 불은 저도 모르게 경험과 역사 속에서 지워졌다. 생물학에 남은 오점 혹은 사회 체제를 전복하려는 위험 인자, 재난이자 사회에 혼란을 가져다주는 존재. 결국, 엘리트 계층의 엄청난 노력 끝에 불은 도시와 들판뿐만 아니라 자연보호구역과 황무지에서도 지워졌다.[19]

불은 1950년대 후반에야 돌아왔다. 1958년 톰 해리스Tom Harris가 영국 중생대Mesozoic 지층의 숯 화석을 다룬 논문 하나를 펴냈다. 같은 해, 개인의 기부로 설립된 톨 팀버스 연구소Tall Timbers Research Station에서 '화재' 경관 조사 인가를 받았다. 1년 뒤 해럴드 러츠Harold Lutz는 알래스카의 불을 설명하며 만연한 벼락을 발화원으로 인정하는 논문을 게재했다(교육받은 학자들이 어떻게 그리 오랫동안 화재 현장을 심각하리만큼 잘못 해석할 수 있었는지 상상을 초월한다). 해리스의 논문과 톨 팀버스 연구소는 주류 과학계에 들지 못했다. 톨 팀버스 연구소에서는 연간 콘퍼런스에 제출할 논문의 동료 검토를 거부했다. 거의 모두 산림 관리인이던 유명 소방 과학자들에게 논문 검토를 맡기는 것은 검열과 다름없다고 생각했기 때문이다.

1960년대에 이르러서야 불의 생태에 이름이 생겼다. 1970년대에는 불이 오래전부터 우리 주위에 흔했다는 사실이 인지됐으며 불을 대대적으로 지우려 했던 행위는 실수라고 인정됐다. 21세기 들어 대화재가 출현하고 기후 변화가 심해져 불이 폭풍처럼 다시 불어닥치자 당연히 불을 탐구하려는 움직임이 일어났지만, 불이 보여주는 여러 아바타가 공유하는 공통 형성 원리는 아직 없다. 그래도 이로운 불을 되살리는 과정에서 불의 진화적, 문화적 역사가 복원됐다.

참으로 기이한 영웅 전설 같다. 윌리엄 제임스^{William James}가 말했듯 "현실 속에서 어렴풋이 품는 느낌이 똑같은 결론에 좋게 형성돼야 명확한 추론을 해도 설득력이 있다… 불합리하고 즉각적인 확언이 내면에 깊숙이 자리 잡아, 합리적인 주장은 겉으로 드러나는 전시에 불과하다. 본능이 앞서고 지성은 그 뒤를 따를 뿐이다." 불은 수렵 채집인, 농부, 목축민의 경험에 가 닿으며 세상 얘기와 설명 속에서 계속 떠오르는 존재로 자리 잡았다. 같은 이유로, 북유럽 지식인 가운데 특히 계몽주의라는 변화의 불길을 경험한 사람들은 불이 자연과 거리가 멀다고 생각했다. 온대 유럽에는 자연 발화로 인한 불이 거의 없었고 모습이 기이하기만 했기 때문이다. 불을 주제로 한 유럽의 격언 하나를 보면 불이 지닌 유용성과 사회적 관계성이 잘 드러난다. '불은 좋은 하인이지만, 주인이 되면 포악하기 이를 데 없다.' 다시 말해서 불은 잘 가둬놓고 결국 대체해야 하는 사회적 장애의 상징이자 선동가였다.[20]

이런 시각을 허투루 보면 안 된다. 전통이 돼 오래가는 유산을 남기기 때문이다. 불은 다른 고대 원소와 달리 여전히 학문 분야 없이 땅바닥에 대충 몸을 누이고 잠을 청하며 여러 학문을 피난처 삼아 떠도는 노숙자 신세다. 불의 생물학적 특성은 근본적으로 규정하기 어렵고, 물리학 모델에 종속된다. 불을 기계에 가둬 연소를 제어하는 기계공학을 생각하면 된다. 불을 사용하는 사람들조차 토치로 땅에 불을 붙이는 순간 불이 물리 장치에서 벗어나 생태 과정으로 변모한다는 사실을 인정하지 않고, 불을 그저 양초나 터빈과 같은 도구로 취급한다. 오늘날 산업 사회를 살아가는 도시인들은 불과 개인적으로 접촉할 일이 거의 없다. 불은 그들의 경험 밖 외딴곳에 존재할 뿐이다. 사람들은 다양한 매체에서 보이는 재앙이자 사고의 모습이나 공공 보건을 위협하는 연기를 통해 가상의 불만 알고 있다.

우리가 사용하는 언어조차도 불편한 지위에 있는 불을 저버린다. 비유할 때 불은 다른 대상을 수식할 뿐 좀처럼 수식 대상이 되지 않는다. 들불처럼 번지는 유행병보다 오히려 질병처럼 전파되는 불, 메뚜기떼 같은 잉걸불, 게걸스레 먹어 치우는 화염과 숨 쉬는 듯한 대류 기둥, 겨울잠을 자고 일어나 여기저기 다니며 나무 열매, 유충, 물고기를 찾아다니고 먹이 상황에 따라 뚱뚱해졌다 홀쭉해졌다 하는 곰처럼 지구 경관의 역사 속에서 서성이는 불이라고 하는 편이 더 적절할지 모른다. 일부 지역에서 선택적으로 발생하고 들쑥날쑥한 모습을 보여 종종 다양한 결과를 초래하는 불의 특성은 물리보다 생물학적 프리즘을 대고 들여다봐야 더 잘 파악할 수 있다.

  현대 들어 연구를 통해 드러나는 불의 생태와 먼 옛날의 모습도 놀랍지만, 그런 사실이 한때 드러났다 지금껏 숨겨져 있었다는 사실이 더 놀랍다. 우리는 생물이 변해 생긴 화석을 연료로 사용하면서 큰 충격을 받고 불이 남긴 유산을 까맣게 잊었다. 난로가 프로판 히터로, 샹들리에가 형광등으로 대체되는 환경 속에서 불의 작동 방식과 전통 지식을 대체하거나 억압했다. 불의 과거가 발전소에 넣은 석탄처럼 파악될 겨를도 없이 타버린 것이다. 게다가 계몽주의는 사실 빠른 연소의 암흑기였다는 지적 차원의 역설도 존재한다.

야생과 구축 경관의 만남
미국 야생 지역은 주로 화석연료 사회가 낳은 산물이다. 과거 전원 지역에 일종의 젠트리피케이션이 발생한 형태인 준교외도 마찬가지다. 두 연소 영역은 2007년 캘리포니아주에서 발생한 그래스밸리Grass Valley 산불에서 충돌했다. (출처: 미국 삼림청 소속 잭 코헨Jack Cohen 제공.)

2장

얼음의 시대

THE PYROCENE

1837년 7월 24일, 젊은 나이에 스위스자연과학회 Swiss Society of Natural Sciences를 이끌던 루이 아가시 Louis Agassiz는 뇌샤텔에서 주위 모든 것이 자신이 명명한 '아이스자이트 Eiszeit', 즉 빙하기의 증거라고 발표해 청중을 놀라게 했다. 새로운 현상을 목격한 것은 아니었다. 이미 다른 동식물학자가 깊이 쓸린 단단한 화강암, 발원지에서 멀리 떨어져 나온 표석, 당대 메커니즘으로 설명할 길 없던 비탈을 증거로 기록했고, 현지 사냥꾼과 주민들까지 이제는 저 멀리 있는 빙하가 앞서 말한 이상한 지형을 만들었다고 입을 모은 뒤였다. 최근까지도 빙하가 계곡을 따라 흘러내렸으니, 이전에도 빙하가 땅 위를 지나 훨씬 더 멀리 이동했다고 생각할 수밖에 없었다.

관찰 결과를 수집하고 동료가 쓴 용어를 빌려 이론을 발표한 아가시는 신생 학문인 지질학에 충격을 안겨주었다. 불과 54년 전에 제 이름을 얻은 지질학은 당시 추정했던 지구 나이의 100만 배로 확장할 학문의 범위며 내용을 겨우 파악하기 시작한 단계였다. 1840년, 아가시는 저서 《빙하 연구 Studies on Glaciers》에서 '아이스자이트'를 상세히 서술했다. 이전과 달리 지면을 많이 할애한 만큼 빙하가 퍼진 영역을 훨씬 더 넓은 시각으로 바라봤다. 그에 따르면, 알프스 협곡뿐만 아니라 광활한 대륙 전체에 빙하가 있었다. 어찌 보면 얼음판 노아의 홍수였다.[1]

장 드 샤르팡티에 Jean de Charpentier, 이그나스 베네츠 Ignace Venetz 등 앞서 빙하 연구에 뛰어들었던 사람들은 아가시의 대담한 추론에 놀랐다. 레오폴드 폰 부흐 Leopold von Buch, 장 바티스트 엘리 드 보몽 Jean Baptiste Élie de Beaumont에 알렉산더 폰 훔볼트 Alexander von Humboldt와 같은 지질학 원로들은 그의 주장을 묵살했다. 그러나 빙하기 홍수라는 아가시의 낭만적 시각은 대중의 상상을 자극했다. 그리고 더 젊은 세대의 추진 덕에 연구 프로그램으로 전환돼, 결국 지구의 최근 역사를 채워나갈 구성 원리로 자리 잡았다.

추가 연구 결과, 빙하기 동안 지구가 끊임없이 빙하작용을 거치며 빙하지리Cryogeography로 재구성됐음이 드러났다. 얼지 않거나 얼음에 묻힌 적 없던 것도 물, 바람, 온도, 해수면, 동물상의 멸종, 기타 연쇄 효과를 통해 얼음의 영향력을 느꼈다. 해빙은 극지방 바다를, 육빙은 북반구 대부분을 덮었고, 토양에도 대기에도 얼음이 있어 현실 세계 같지 않았다. 1980년대 들어서야 얼음이 지구 전역에 맹위를 떨치며 빙하기를 몰고 왔다가 한 박자 쉬어가는 온난한 틈을 타고 인류가 살았다는 데 의견이 모였다. 얼음은 돌아오기를 반복했다. 이는 수학과 지구물리학으로 알 수 있는, 단순 명백한 사실이었다. 이에 홍적세가 이후를 위한 연출에 나섰다.

그 연출이란 거울을 지나 모든 것이 반대인 세상에 발을 디딘 앨리스처럼, 얼음 역시 거울을 지나 정반대인 불로 바뀌는 것이었다. 얼음, 호미닌, 홍적세에 관한 논의는 현재 불, 인간 그리고 인간이 빚어낸 시대를 둘러싼 담론의 전조였다. 21세기 초, 그 옛날 아가시와 같은 인물들은 장차 불이 흔해질 것을 암시하는 증거를 모아 정리하고 불의 시대가 오리라 선언했다. 불은 얼음만큼이나 대단한 파괴력을 보여줬지만, 시간의 흐름 속에서 불의 시대가 자리할 곳을 정하기란 쉽지 않았다.

홍적세에 얼음이 많았던 이유

예전에 지구는 온실처럼 덥고 얼음 창고처럼 추운 시대를 오갔다. 빙하기는 대멸종이 있을 때마다 매번 얼굴을 비췄다. 약 6억 5000만 년 전 선캄브리아기 Precambrian 당시, 눈덩이 지구 Snowball Earth라고 할 정도로 최악의 빙하기가 들이닥쳐 지구를 얼음으로 몇 번이나 뒤덮다시피 했다. 오르도비스기 Ordovician, 석탄기 Carboniferous, 페름기에도 마찬가지였다. 얼음 창고 같은 세상은 신생대 Cenozoic에도 계속돼 지난 260만 년 전에 막을 연 제4기 Quaternary에 최대 규모를 자랑했다. 제4기의 시작인 홍적세를 열고 정의한 몇 번의 전 세계적 빙하기와 함께 절정에 달한 것이다.

홍적세 빙하기는 지리와 기후를 매듭처럼 엮었다. 지구에서는 내리쬐는 햇볕의 양과 세기, 온기의 전반적인 분배 양상은 물론이고 온기와 지형의 상호작용에 따라 얼음이 세를 불렸다. 지구가 어디를 봐도 똑같다면 여기저기서 불어나는 얼음에 같은 반응을 보였을 것이다. 그러나 평원 사이로 산맥이 새로이 융기하고 해류가 (한랭한) 해저와 (온난한) 해수면을 오가는 등 육지와 바다가 들쑥날쑥하게 분화한 탓에 지구는 다양한 모습으로 탈피했다. 드레이크 해협 Drake Passage이 열리며 남극 대륙에서 남아메리카가 떨어져 나갔다. 파나마 지협 Isthmus of Panama은 대서양과 태평양을 가로막았다. 히말라야산맥은 융기하면서 아시아에 몬순을 몰고 왔으며 침식을 유발해 탄소를 집어삼켰다. 활화산이 장기적으로 온난화의 원인인 이산화탄소를, 단기적으로는 냉각화의 원인인 황산염 에어로졸을 뿜어냈다. 그러나 대기 중 이산화탄소는 대체로 줄어드는 추세였다.

얼음 창고 세상 이전에는 역사상 가장 강력한 온실 세상이 있었다. 5600만~3400만 년 사이의 시신세 Eocene가 현재보다 5~8℃(41~46℉) 웃돌며 최대 온난기를 연 이후, 살을 에는 추위가 서서히 찾아왔다. 중기 선신세인 약 300만 년 전부터 온 세상이 얼어붙기 시작했다. 이런 일이 복합적으로 작용하며 지구 자전축이 회전하고 기울며 공전 궤도가 늘어나기까지 하는 밀란코비치 주기 Milankovitch cycles가 길어졌다.

이 세 가지 움직임을 자세히 살펴보자. 회전이란 지구 자전축이 느릿느릿 도는 팽이처럼 2만 2000년 주기로 돌며 춘분과 추분을 유발하는 세차운동을 의미한다. 기울기는 공전 궤도를 기준으로 지구 자전축이 가리키는 방향이 이루는 경사가 변하는 현상이며 4만 년 주기다. 늘이기란 10만 년 주기로 기다란 타원을 그리는 지구 공전 주기의 이심률을 나타낸다. 이런 주기의 영향이 한데 모여 지구에 도달하는 태양 복사열에 영향을 끼친다. 단기적으로 밀란코비치 주기는 경주에 나선 냉각화와 온난화 곁에 선 페이스메이커가 됐다. 냉각화는 얼음을 낳았고, 얼음이 모여 빙하기를 열었다. 약 258만 년 전, 사상 처음으로 강력한 빙하기가 펼쳐졌다. 홍적세의 시작이었다.

빙하기는 얼마나 자주 찾아왔을까? 답은 기준에 따라 다르다. 북반구에서만 잦은 소규모 충돌과 융기를 동반한 네 차례의 큰 빙하기가 있었다. 문제는 새로운 얼음이 밀려들 때마다 먼저 도착한 얼음이 있었던 증거를 지우개처럼 지우고 이전 기록에 흠집을 내는 데다가 표석을 밀어내고 빙퇴석과 돌개구멍을 반들반들하게 만들었다는 점이다. 더 넓게 세를 불리는 얼음이 다른 얼음의 흔적을 집어삼킬 수 있었다. 그러나 이런 양상은 전 세계 해양에 퇴적된 화석에는 통하지 않았다. 유공충Foraminifera 속 산소동위원소 함량을 바탕으로 해양 침전물 기록 중에서 미묘하게 없는 부분만 포착해도 약 40~50회의 빙하기가 있었다고 추정되며 49회가량으로 무게가 실린다.[2]

세세한 이야기는 이쯤에서 접어두고 홍적세의 약 80퍼센트, 지난 90만 년 중 90퍼센트가 빙하였다는 사실에 집중해

지난 40만 년간 빙하기-간빙기 양상

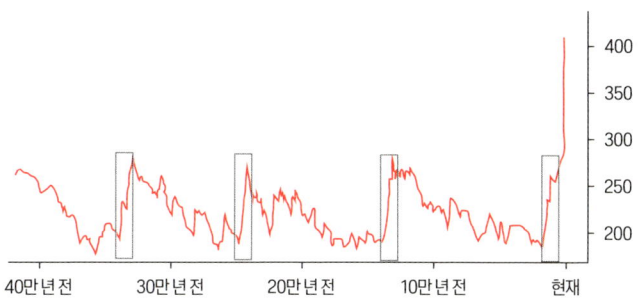

남극 빙하 속 이산화탄소를 ppm 단위로 측정한 결과이며 마우나 로아 관측소Mauna Loa Observatory에서 최근 수치를 제공했다. 사각형으로 표시한 부분은 간빙기를 나타낸다.
출처: NASA, https://climate.nasa.gov/climate_resources/24/graphic-the-relentless-rise-of-carbon-dioxide.

보자. 간빙기-빙하기 주기가 4만 년에서 10만 년으로 바뀌는 등 변화무쌍했고, 전 세계적인 움직임이 지역 환경에 따라 다르게 전개됐다. 언뜻 보면 특이하기만 한 빙권Cryosphere도 자세히 살펴보면 엉망이었다. 간빙기는 갑작스레 다가와 찰나의 따스함을 안겨주고 떠났다. 최후의 대빙하기가 2만 1000년 전 최고조에 달한 후, 1만 1000년 전부터 현재의 간빙기가 지구 기후를 지배하기 시작했다. 그러자 레이더망이라도 켠 듯 다양한 기후 양상이 나타나기 시작했다. 중세온난기Medieval Warm Period(950~1300년)와 같은 혹서에다가 혹한은 물론이고 기온이 2°C(3.6°F) 낮은 소빙기Little Ice

Age(1550~1850년)까지 등장했다. 오늘날, 간빙기는 어느 때보다도 길게 이어지고 있다. 최근까지도 훨씬 안정적인 데다 현대에 이르러 눈에 띌 정도로 습윤해졌다.³

홍적세는 지구의 모습을 다시금 매만지며 역학 관계를 재설정했다. 이 시대에는 얼음이 가장 도드라진 특징이자 본질적인 의미를 규정하는 존재였고, 빙하기라는 딱 어울리는 별칭의 주인공이기도 했으며, 자신에 유리한 여러 이차 효과를 일으켰다. 시작점이자 결과였다. 또한 빙하지리를 유발해 지구를 지배했다.

대륙 하나(남극)를 뒤덮은 얼음은 다른 두 대륙(유라시아와 북아메리카) 사이를 비집고 들어가 세를 넓혔으며 소대륙 하나(그린란드)를 집어삼켰다. 얼음은 남반구보다 지반이 더 넓고 극지방에 가까운 북반구에 훨씬 많았고, 북극해와 남극해라는 두 극지방 해양을 담요처럼 뒤덮었다. 안데스부터 히말라야까지 주요 산맥마다 없는 곳이 없었으며 높은 계곡에 권곡Cirque을 형성하고는 비탈을 따라 빙하 형태로 흘러내렸다. 그런가 하면, 아프리카의 봉우리까지 차지했다. 킬리만자로에는 약 39제곱킬로미터에 달하는 빙원이 펼쳐져 있었다. 공기며 물이며 흙까지 얼음이 없는 데가 없었다. 육상 얼음 아래 영구동토층 속에는 지하빙Subsurface ice도 있었다. 얼어붙은 땅에 패턴이 생겨 육지에서 얼음이 메아리치는 듯했다. 암석 빙하는 중심부까지 통째로 비탈을 따라 느릿느릿 미끄러졌다.

빙하는 바람과 유거수(流去水, 지표면을 따라 흐르는 물)를 타고 여기저기 얼었다 녹으면서 주변 주빙하 영역까지 확장했다. 얼었다 녹은 땅에서는 토석류^{Debris flow}가 흘렀고 영구동토층이 군데군데 녹아 곰보 자국 같은 열카르스트^{Thermokarst} 지형으로 변했다. 얼음 언덕^{Hummock}이 돔처럼 솟아오르고 얼음 쐐기^{Ice wedge}가 지표면에 균열을 내는 등 결빙과 해빙의 순환이 지표면을 크고 작게 조각했다. 빙하가 녹자 시냇물이 흐르기 시작했다. 빙상과 빙하는 비탈을 따라 매서운 속도로 경주하듯 부는 바람을 일으켰다. 빙하는 바위를 옮기고(표석), 둔덕(빙퇴석)을 불도저처럼 밀어내 언덕(빙퇴구^{Drumlin})을 쌓아 올리고, 지표면에 깊은 흠(에스커^{Esker}와 케틀^{Kettle})을 남겼다. 빙하가 녹은 물은 강에 흘러들어 물살을 더하거나 흐름을 돌렸다. 침식된 파편은 빙하가 일으킨 바람과 물살을 타고 빙하범람지^{Outwash plain}라는 모래 삼각주를 형성했다. 이 지형은 뢰스^{Loess}라고 알려진 실트^{Silt}가 펼쳐진 거대 평원이다. 오목하게 솟은 얼음 앞으로 물이 고이면 흐르지 못하고 고이고 고이다 얼음을 산산이 깨뜨리며 범람해 주변 경관을 매만지기도 했다. 이런 일이 한두 번이 아니었을 것이다.

   얼음은 지구 전체에 영향력을 떨쳤다. 그 무게만으로 대지를 짓누를 수 있을 수준이었다. 오늘날 남극에서 얼음을 모두 제거하면 아래에 파묻혀 있던 땅이 평균 1,000미터가량 상승할 것이다. 허드슨만Hudson Bay은 해빙된 지 1만 년이 지난 지금도 매년 약 2센티미터씩 상승하고 있다. 발트해 해수면은 매년 11밀리미터씩 상승한다. 대한파The Big Chill 당시, 수권에 흐르던 물 중 대륙 부피에 맞먹는 양이 육지 위에 단단히 얼어붙었다. 여전히 지구 담수 중 60퍼센트가 남극에 있다고 추정될 정도다. 이렇게 얼어붙으니 자연히 해수면이 낮아졌다. 얼음이 걷잡을 수 없이 늘어 해수면이 100미터나 낮아진 일이 적어도 네 번은 있었다. 바다가 얕아지자 육지가 드러났다. 해안가는 물론 대륙붕까지 노출돼 영국과 프랑스, 호주와 뉴기니, 시베리아와 알래스카가 이어졌다. 홍적세 당시, 호주는 현재보다 25퍼센트 더 넓었다. 북아메리카는 거의 모든 대륙붕을 포함할 정도로 확장했다.

   얼음은 날씨에도 영향을 미쳤다. 한랭 기후를 타고 뻗어 나가 북반구 해양을 뒤덮고 거의 모든 산꼭대기를 점령한 뒤 해류와 대기 대류에도 손을 뻗쳤다. 찬 공기와 따스한 공기, 차디찬 해수와 따뜻한 해수가 자리를 맞바꾸는 양상까지 손봤다. 이때 북반구 날씨 대부분을 정의하는 한대전선대가 흐트러지며 이동했다. 그 결과, 얼음에 더 유리한 환경이 조성됐다.

  얼음이 얼어붙은 곳만 변화를 겪은 게 아니었다. 한랭습윤 기후를 접한 여러 지역에서 함몰된 지표면이 호수로 탈바꿈했다. 미 서부 그레이트베이슨^{Great Basin}도 대부분 물에 잠겼다(당시 흔적이 작게나마 그레이트솔트호^{Great Salt Lake}로 남았다). 이와 유사하게 다우호^{Pluvial lake}가 중앙아시아 산맥을 따라 확대됐다(아랄해와 카스피해는 일부에 불과하다). 아프리카에는 막가딕가디호^{Lake Makgadikgadi}와 차드호^{Lake Chad}가 생겼다(차드호는 남아 있다). 사막, 툰드라, 스텝으로 이어지는 한랭건조 기후를 접한 지역도 있었다. 얼음은 홍적세를 고스란히 투영한 산물에 그치지 않고 존재감을 뿜어냈다. 온 세상이 빙하 또는 주빙하 상태로 접어들거나 극단으로 치닫진 않았지만, 기후 피난처와 생물 피난처가 줄어들고 이동해야만 했다.

  얼음은 줄어서도 영향력만큼은 잃지 않았다. 녹고 나서는 새로 생긴 분지를 채워 호수로 만들었다. 캐나다 순상지^{Canadian Shield} 둘레를 따라 북서쪽으로 이어지는 오대호^{Great Lakes}

가 그 결과물이다. 잠깐 생겼다 사라지는 호수도 많았는데, 빙퇴석 뒤, 특히 녹아 무너져 내린 얼음 댐 뒤의 웅덩이가 그랬다. 워싱턴 중부 채널드 스캐블랜드 Channeled scabland는 빙하가 녹아 생긴 미줄라호 Lake Missoula가 (40회가량) 계속 얼음 댐을 뚫고 컬럼비아강 Columbia River 협곡에 홍수를 일으켜 금이 간 현무암을 도려내고 수로를 파헤치며 뒤로 퇴적물 더미를 남겨 생긴 지형이다. 지구에는 웅장한 힘과 엄청난 특색을 자랑하던 홍적세가 남긴 자그마한 흔적이 여전히 많다.

그 흔적들에는 알아볼 수 있는 뚜렷한 패턴이 있다. 얼음이 움직이며 빙하작용을 일으키고 빙하기가 수만 년 주기로 오가는 오랜 세월 동안, 얼음 창고 같은 시절이 밀려들었다 물러나기를 반복했다. 짧게는 태양 복사열이 밀란코비치 주기에 따라 대기를 얼렸다 데우고, 길게는 생물권이 육상과 해양 양쪽에서 탄소의 저장과 방출에 영향을 미친다. 그 결과, 장기적으로 탄소는 암석, 석탄 같은 일부 화석 생물군은 물론 주로 해양에 퇴적된 탄산염암에 저장됐다.

탄소 중에서도 특히 대기 중 이산화탄소는 모든 사건을 구분 짓는 좋은 지표다. 아직 남아 있는 홍적세 빙상에서도 과거 이산화탄소의 발자취를 볼 수 있다. 이 관계는 명료한데, 이산화탄소가 많으면 얼음이 적고 이산화탄소가 적으면 얼음이 많다. 마지막 빙하기에 대기에서 사라진 이산화탄소의 양은 7,000억 톤으로 추정된다. 5,000억 톤은 육상 초목에 저장된 후 얼음과 주빙하 환경으로 자취를 감췄을 테고, 나머지 2,000억 톤은 해양으로 사라졌을 것이다. 이산화탄소는 예상 주기를 따라 순환하기 때문에 빙하기를 유추하는 수단이 될 수 있다. 대기 중 이산화탄소 농도 그래프는 지구상 모든 얼음의 규모를 개략적으로 기록한 것과 같다.[4]

약 2만 1000년 전, 최후의 대빙하기가 최고조에 달했다. 발트해 분지에서 얼음이 자취를 감춘 것이 불과 7000년 전이다. 주빙하 호수 중 일부는 완전히 마르지 않고 남았다. 육지는 얼음에 짓눌려 있다 갑작스레 해방된 후 계속 기지개를 켜고 있다. 생명체는 세력을 넓혔던 얼음에게 넘겨주었던 자연 경관을 되찾는 중이다. 그래도 그린란드와 남극에는 빙상이 여전하다. 북아메리카 아한대와 유라시아에 걸친 광활한 지역 아래에는 영구동토층이 제자리를 지키고 있다. 과거에는 얼음이 생기면 적어도 일부는 계속 살아남아 또다시 빙하기를 맞이했을 것이다. 홍적세를 상징하는 얼음 역시 예전 같으면 다음 빙하기에 앞서 자신의 위치를 다졌을 테지만, 이제는 서둘러 사라지는 듯하다. 얼음의 피난처가 줄고 있다. 여기저기에 잔존한 얼음은 줄어들거나 동시대를 함께하다 사라진 생물종처럼 아예 자취를 감출 태세다.

거대동물, 대멸종

지구가 결빙과 해빙 사이에서 한 번도 아니고 여러 번이나 요동치며 온갖 변화를 일으킨 탓에 육상 생물이 살기 어려워졌다. 서식지가 바뀌고, 늘었다가 줄어들거나 다른 곳으로 옮겨갔다. 숲이 초원으로, 초원이 사막으로 변했다. 해안가는 경사를 드러내며 확장하다 얼음 아래로 가라앉았다. 계곡물은 호수를 채웠다가 잠깐 생겼다 사라지는 플라야Playa로 흘러 들어갔다. 아한대 지역이 얼음 속으로 사라졌다. 언제나 그랬듯 적응하는 종이 있는 반면, 아닌 종도 있었다. 전반적으로 멸종에 가속이 붙었다. 홍적세는 260만 년간 이어지면서 지구 5대 대멸종 중 최후의 막을 열었다.

 뼈가 있는 대형동물처럼 크고 질긴 생물일수록 지질 기록을 남기기 유리하다. 그러나 거대동물조차 빙하기는 버티기 힘들었던 듯싶다. 온갖 생물이 퇴장하고 아바타 형태로 새롭게 등장했다. 화석으로 남은 덕에 알려진 포유류 714종 중에서 29퍼센트인 207종이 멸종했다. 연달아 일어난 일은 아니었다. 여러 해에 걸쳐 산발적으로 크고 작은 변화가 있었다.

멸종은 땅덩이가 크고 생물 발원지에 가까운 곳일수록 덜했다. 홍적세 초기에는 아프리카에서, (초기 충적세 Holocene까지 포함해) 후기에는 유라시아, 북아메리카, 남아메리카, 호주, 마다가스카르 같은 소대륙과 섬에서 최고조에 달했다. 아프리카와 유라시아에서 가장 더뎠고 아메리카와 호주에서는 갑작스러웠으며, 오갈 곳 없는 섬을 상대로는 즉결 심판이나 다름없었다. 아프리카에서는 대형 포유류 중 70퍼센트가 혹독한 시련을 견디고 생존했다. 북아메리카에서는 25퍼센트, 호주에서는 약 5퍼센트에 불과했다. 마다가스카르 같은 소대륙과 뉴질랜드에서는 아무것도 살아남지 못했다.[5]

  호미닌도 예외가 아니었다. 여러 종으로 분화했다가 줄고 또 분화했다. 가장 오래 산 주인공인 '호모 에렉투스 Homo erectus'는 약 200만 년에 걸쳐 진화하며 홍적세와 거의 함께하다시피 했다. 아마 수마트라 같은 섬을 피난처 삼아 느지막이 5만 년 전까지 생존했을 것이다. 최후의 대빙하기가 시작되던 즈음에는 호미닌이 코끼리만큼이나 많았다고 한다. 매머드, 마스토돈 Mastodon, 아프리카 코끼리와 아시아 코끼리의 조상에다가 수많은 지중해 섬 중 최소 열 곳을 장악했던 난쟁이 코끼리 Dwarf elephant가 있었듯, 호모 하빌리스 Homo habilis와 호모 에렉투스 그리고 호모 하이델베르겐시스 Homo heidelbergensis와 같은 호모 에렉투스의 아종이 있었다. 데니소바인Denisovan, 호모 플로레시엔시스Homo floresiensis, 네안데르탈인Neanderthal이 있었고, 최소 20만 년 전에는 호모 사피엔스가 존재했다. 모두 간빙기에 번성하다 2만 1000년 전 최고조에 달했던 마지막 빙하기를 맞이했다. 그리고 호모 사피엔스만 살아남았다.

   섬생물지리학Island biogeography만으로 종의 변화를 설명할 수는 있어도 전부를 다루지 못하고, 최근 사건의 주기를 바탕으로 원인을 제시할 수도 없다. 오랜 세월 이어져 온 생물계에서 얼음이 그리는 증감 곡선이 진화에 개입했기 때문이다. 새로운 종이 등장하고 소멸했다. 그러나 최근 들어 그런 양상이 깨진 편이다. 인간은 진화의 절벽에 다다라도 몇 번이고 창조물을 내놨고, 충적세에 접어들며 그런 경향은 더욱 짙어졌다. 호미닌이 언제 어떻게 촉매처럼 멸종을 가속했는지는 지속적인 연구 주제이며 당연하게도 논란의 대상이다.

   홍적세는 거대동물의 시대였다. 대륙만 한 빙상, 차디차게 얼어붙은 환류를 일으킨 해양, 거대한 호수, 광활한 사막 그리고 온 세상을 점령한 거대동물을 자랑했다. 모두 지금보다 더 컸을 것이다. 얼음의 땅을 무대로 요툰Jotun과 거인들이 써 내려간 북유럽 신화가 현실에 펼쳐진 꼴이었다. 북아메리카에는 아시아 코끼리만큼 큰 땅늘보가 있었다. 남극은 셰틀랜드 포니만 한 펭귄을 자랑했다. 뉴질랜드는 사람 키의 두 배나 되는 모아^{Moa}가 주인이었다. 호주에는 7미터 길이의 육식 동물인 고아나^{Goanna}가 있었다. 호미닌조차도 더 컸다. 네안데르탈인은 알려진 중 가장 큰 호미닌이었고 커다란 뇌를 담을 훨씬 큼직한 두개강^{Cranial cavity}을 가지고 있었다. 홍적세는 이후에 품을 변화에 비해 더 넓은 경관을 유산으로 남겼다. 오늘날 보이는 작은 세상이 큰 옷을 물려 입은 격이다.

 홍적세 내내 결빙과 해빙, 멸종과 출현이 계속되다가 흐름이 멈췄다. 인간이 돌본 경우를 제외하면 거대동물을 비롯한 여러 생물은 되살아나는 일 없이 계속 스러져갔다. 얼음 역시 돌아오지 않고 녹아 없어지기만 했다. 예상과 달리 탄소가 저장되다 말아 정반대의 일이 벌어졌다. 지구에 온기가 돌았고, 이후로도 계속 따뜻해졌다. 이전과 달리 이 간빙기에는 호모 사피엔스라는 유일무이한 존재가 있었다.

홍적세 이야기

홍적세는 불안정한 시대였다. 채우고 비우기를 반복했다. 전진했다 후퇴하는 얼음을 따라 호수가 차올랐다가 마르고 생물이 세력을 넓혔다가 물러났다. 땅, 바다, 대기가 지칠 줄 모르고 서로 조합해 생긴 고유한 물리적 성질이었다. 학계에서도 이 시대를 두고 왈가왈부했다. 홍적세의 시작과 끝을 둘러싸고 말이 달라지는 통에 서사가 확정될 기미가 보이지 않았다. 이름조차 역사가 있을 정도다.

지구가 처음부터 오랜 역사를 자랑한 것은 아니다. 19세기 전까지 학계에서는 성경에서 추출한 연대표를 바탕으로 지구가 6000년간 존재했다고 생각했다 (아이작 뉴턴 Isaac Newton도 그 수치를 사용했다). 1756년 요한 레만 Johann Lehmann이 표토 아래 묻힌 암석을 보고 더 오래된 것을 제1기 Primary, 최근 것을 제2기 Secondary로 분류했다. 그로부터 4년 뒤, 조반니 아르두이노 Giovanni Arduino가 기존 암석 가운데 새로운 층을 제3기 Tertiary로 확장하자고 제안했다. 뷔퐁 Comte de Buffon은 대담하게도 지구의 나이를 6만~7만 5000년으로 제시하며 자릿수를 하나 더 늘렸다. 5년 뒤인 1783년, '지질학'이라는 새 이름을 얻은 신생 학문이 지구의 나이를 본질적 질문으로, 지질연대 구성을 학문의 주제로 삼았다.[6]

그러다 찰스 라이엘이 총 세 권에 걸친 저서 《지질학 원리 Principles of Geology》(1830~1833년)에서 지질연대학 Geochronology을 더 상세히 정립하면서 큰 도약이 일어났다. 라이엘은 제

지질시대의 구분

시생누대 (始生累代) Archean Eon	원생누대 (原生累代) Proterozoic Eon	현생누대 (顯生累代) Phanerozoic Eon		
		고생대 (古生代) Paleozoic Era	중생대 (中生代) Mesozoic Era	**신생대 (新生代) Cenozoic Era**

신생대

기(紀) period	후기 제3기 또는 제4기 Post-Tertiary or Quaternary	현세(現世) 또는 충적세(沖積世) Holocene
		홍적세(洪積世) Pleistocene
	신진기(新進紀) Neogene	선신세(鮮新世) Pliocene
		중신세(中新世) Miocene
	고진기(古進紀) Paleogene	점신세(漸新世) Oligocene
		시신세(始新世) Eocene
		효신세(曉新世) Paleocene

3기를 네 시대로 세분화했다. 가장 오래된 시대에는 ('새벽', '가장 이른'이라는 의미의) 그리스어 '에오스 Eos'와 ('최근'이라는 뜻의) '카이노스 Kainos'를 조합해 시신세 Eocene라는 이름을 붙였다. 그다음 시대는 그리스어 ('더 적다'는 의미의) '메이온 Meion'을 가져다가 중신세 Miocene라고 불렀다. 마지막 시대는 ('더 많다'는 의미의) '플레이온 Pleion'을 따서 선신세 Pliocene라고 정하고 전기와 후기로 나눴다. 뒤이어 당대까지는 후기 제3기 Post-Tertiary였다(몇 년 전에 쥘 데누아예 Jules Desnoyers가 최근 시대를 제4기로 분리하자고 제안했지만, 라이엘은 해당 명칭을 좋아하지 않았다).

후기 제3기는 자기 정체성을 찾으려 부단히 노력했다. 이 와중에 난해하게도 라틴어 '포스트 Post'와 그리스어 '카이노스'가 섞여들었다. 라이엘이 이 시대를 후기 선신세 Post-Pliocene와 현세 Recent로 나눈 것이다. '후기 선신세'는 '후기 제3기'와 비슷해 곧바로 혼란을 불러왔다. 게다가 라이엘은 성경 속 연대기에서 겨우 확장된 '인간 존재' 시대를 '현세'라고 해야 한다고 촉구했다. 그러나 30년도 채 지나지 않아 저서 《인간의 오랜 역사를 보여주는 지질학적 증거 Geological Evidences of the Antiquity of Man》를 통해 인간의 역사를 지구의 역사로 확장하게 된다.

《지질학 원리》의 잉크가 마르기 무섭게 아가시가 빙하기라는 극적인 시대를 공표했다. 이후 1839년, 라이엘은 비교급에서 유래한 '신 선신세 Newer Pliocene'라는 용어를 ('플레이스토스 Pleistos'와 '카이노스'를 조합해 '가장 최근 Most recent'을 의미하는) 최상급으로 격상하며 '홍적세 Pleistocene'라고 명명했다. 그러나 곧바로 후회하고 그리 멀지 않은 시대를 구분하고 싶지 않은 마음에 결정을 철회했다. 이후 저술 활동에서도 조심스레 철저히 원래 용어만 사용했다. 그러나 1846년에 에드워드 포브스 Edward Forbes 덕에 홍적세는 '빙하기'의 동의어로 귀환했다.

라이엘이 제시했던 '현세'라는 용어 역시 1867년에 폴 제르베 Paul Gervais가 (명명 이유는 불분명하지만 '전체'를 의미하는 그리스어 '홀로스 Holos'를 따서) 내놓은 '충적세 Holocene'에 도전받았다. 홍적세와 충적세는 함께 제4기를 구성하며 후기 제3기를 완전히 대체했다. 1873년, 라이엘은 포브스의 새로운 정의를 받아들였다. 그가 세상을 떠나고 2년이 지나자 저항도 멎었다. 1885년, '충적세'가 공식적으로 세계지질과학총회 International Geological Congress의 인정을 받아 실사용 용어로 자리 잡았다.

그러나 제4기는 홍적세와 충적세를 가지고도 여전히 지질

연대의 문제아였다. 철저히 지질학적 기준과 대멸종으로 정의된 다른 시대와 달리 빙하기 언저리에 생긴 데다가 인간이 '점유'한 시대기 때문이다. 홍적세가 빙하기를 품듯 충적세는 인류 시대를 품었다. 그 탓에 문제는 모호하고 해결의 기미가 보이지 않았다. 빙하기는 (여러 지역에 얼음 대신 호수와 사막이 있던 터라) 전 지구에 걸쳐 동시에 일어난 것이 아니라, 인류 시대가 빙하기 시작 시점으로 계속 거슬러 올라갔기 때문이다. 게다가 빙하기-간빙기 주기가 1만 년 전 갑작스레 멈춘 것을 보여주는 증거가 없던 탓에 홍적세와 충적세 사이에 명확한 변곡점도 없었다. 이례적으로 이 시대는 얼음이 그어 놓은 기후 경계와 '화석'처럼 남긴 지형 특성으로 정의됐다. 그래서 '홍적세'라는 용어가 자리를 잡았을 때조차 시작과 끝이 명확히 잡히지 않았고, 그 탓에 몇 년 동안 이어졌는지 알 길이 없어 지속 기간을 상대적으로 따질 수밖에 없었다.

홍적세 기간은 늘어만 갔다. 찰스 다윈 Charles Darwin이 《종의 기원 On the Origin of Species》을 펴낸 지 4년 후인 1863년, 라이엘은 홍적세를 80만 년으로 추정했다. 1900년, 솔라스 W. J. Sollas는 40만 년이라고 했다. 1909년, 알브레히트 펭크 Albrecht Penck와 에두아르트 브뤼크너 Eduard Brückner는 알프스 비탈을 보고 (공교롭게도 잘못된 추정이었지만) 홍적세가 65만 년 전에 시작했다고 생각했다. 당시 활동하던 지질학자들은 경험에 비추어보아 '지난 100만 년'으로 한정했다. 1948년, 세계지질과학총회에서 색인과도 같은 고생물과 빙하를 합친 후 홍적세의 시작점을 지중해 유역에서 한랭성 종이 출현한 시기와 같은 164만 년이라고 했다. 이 사건은 '이탈리아 신진기Neogene 기상 악화의 첫 징후를 보여주는 층'으로, 이탈리아 남부 칼라브리아의 브리카Vrica 지층에 남아 있다. 국제 제4기 연구연합International Union for Quaternary Research에서는 1965년 7차 총회에 이어 1983년에 거듭해서 같은 결과를 확정했다. 생명체가 4억 3000만 년 전쯤 대륙에 대량 서식하기 시작했다고 추정해도 홍적세는 그중 1퍼센트의 절반에도 못 미친다.[7]

라이엘이 선신세를 구분 짓고 명명까지 한 지 176년이 지난 시점이자 '홍적세'라는 새로운 명칭으로 신 선신세와 후기 선신세를 대체한 지 170년 후, 지질학자들은 먼 옛날 국경을 지키던 영주들처럼 선신세와 홍적세의 경계를 어디다 그어야 할지 논쟁을 벌였다. 지질 시대의 잣대가 번번이 들어맞지 않았기 때문이다. 홍적세는 위풍당당하고도 고집 센 별종이었다. 얼음과 인간의 기원이 된 시대로서 자신만의 별난 특징을 바탕으로 별개의 존재가 되려 했다.

21세기 초, 국제층서위원회 International Commission on Stratigraphy는 '제4기'를 폐지하려고 했다. 별난 시대를 칭하기에는 구식인 데다가 한때 행성이었던 명왕성처럼 잘못 분류한 범주라고 생각했기 때문이다. 그러자 제4기 지지자들이 들고일어나 오히려 기간을 늘리기까지 했다. 제4기는 선신세를 80만 년이나 집어삼킨 홍적세 덕에 '불법 점유'라는 원성을 듣기는 했어도 사라지지 않고 확장했다. 결국, 공식적으로 홍적세는 258만 년 전부터 시작한 시대가 돼 충적세보다 260배 더 길어졌다. 기후 변화, 갑작스러운 멸종, 대표 종인 인류의 자존감만큼이나 불안정하다는 사실이 이미 잘 알려진 뒤였다. 2009년, 국제층서위원회는 투표 결과 제4기 지지층의 주장을 받아들여 기간 정정을 승인했다.[8]

제4기 반대파는 홍적세의 시작과 끝을 정한 기준이 다르다고 꼬집었다. 홍적세의 서사가 기후라는 주제로 시작해 인류라는 다른 주제로 끝난다며 말이다. 1만 년 전 충적세가 시작됐지만, 빙하기를 굳건히 지킨 과정이 멈춘 것도 아니고 호미닌 역시 사라지지 않았다. 마치 충적세는 제멋대로 생긴 것 같았다. 오랜 지질 시대를 분석하기 위해 객관적인 증거를 사용했을 생명체인 인간이 주관적인 자기 이야기를 펼치는 꼴이었다. 홍적세는 미심쩍은 이야기꾼이 전한 옛날이야기 같았다.

　이로써 역설이 끝난 것은 당연히 아니다. 홍적세는 홀로세보다 약 260배 더 길다. 엄격한 지질학적 기준에 따르면, 홀로세는 그저 또 다른 간빙기이자 다시 빙하기로 돌아갈 준비가 된 시대에 불과하다. 독자적인 시대로 자리 잡을 수 있던 것은 라이엘이 언급했듯 인류와의 연관성 덕분이다. 그러나 인류는 자신의 기원을 호미닌이 살았던 홍적세라는 더 오랜 시대로 슬쩍 밀고 있다. 인류의 막내인 호모 사피엔스조차 등장한 지 최소 20만 년은 넘었다. 충적세에 접어들어 호모 사피엔스는 퍼지고 퍼지다 지구 밖으로까지 나갔다. 인류의 허영심 덕에 지난 1만 년 이상 이어진 충적세를 지질 기록에서 독자적인 시대로 쪼갤 수 있는 것이다. 그러나 그런 선택을 하고 이름까지 붙인 존재는 인간이다. 인간이 지질 시대를 물리적으로 재구성하며 불분명하게 구분했는지도 모른다.

화염의 수호자

얼음, 호미닌, 홍적세를 둘러싼 논쟁은 오늘날 불, 인간, 인간이 빚어낸 시대를 주제로 한 담론의 전조가 됐다. 새롭게 등장한 불의 시대는 빙하기에 견줘도 손색없을 혼란을 몰고 왔고 역사적 규모 역시 논쟁거리다. 21세기가 시작되던 무렵, 사람들은 인위적인 불의 영향 반경과 시간 경계를 나타낼 적절한 말을 찾고 있었다.

호모 사피엔스는 최후에 등장한 호미닌이며 지금껏 알려진 마지막 존재로, 여러 인류 가운데 다섯 번째 멸종에서 유일하게 생존했다. 그래서 생존 이후로 다른 인류를 만난 일이 없었다. 호모 사피엔스, 네안데르탈인, 데니소바인 사이에는 혼혈 자손이 있었다. 아마 충돌도 있었을 것이다. 그러나 호모 사피엔스만 살아남았다. 그들은 개체군 병목현상이 극심했다는 증거와 주장에도 불구하고 그 좁은 틈을 뚫고 아프리카, 중동, 유럽 일부 지역까지 퍼져나갔다. 이후, 호모 에렉투스 등 다른 호미닌이 이미 잘 닦아 놓은 길을 따라 전진했다. 약 5만 년 전에는 뉴기니와 호주로 진입했다. 최후의 대빙하기가 물러나자 기다렸다는 듯 아메리카까지 세력을 넓혔다. 남은 것은 섬뿐이었다. 그들은 19세기 내내 무인도를 하나하나 점령해나갔다. 20세기 후반에는 남극에 연구 기지도 설립했다. 그리고 얼마 지나지 않아 불기둥을 내뿜으며 지구 밖 여행까지 떠났다.

호모 사피엔스는 가장 큰 혼란을 안긴 존재였다. 주로 거대동물이 멸종할 때 등장했기에 멸종과의 연관성을 무시할 수 없다. 멸종의 흔적을 추적하는 일은 호모 사피엔스의 자취를 좇는 것과 같다. 역사 시작 전후로 기록이 명백하다. 현존하는 최후의 인간이 처음으로 발을 내딛는 섬마다 무수히 많은 생물종을 쓸어버렸다. 기록으로 남은 그 행위를 더 먼 과거, 더 광활한 광경에 투영하기란 쉽지 않다. 호모 사피엔스는 잡식이었다. 이는 그들이 포식자였음을 의미한다. 그들은 언어를 바탕으로 사회 구조를 발전시키고 새로운 사냥 기술을 터득했다. 그리고 불을 가지고 있었다. 이런 특성이 있어 지구라는 나무를 흔들어, 같이 붙어 있던 다른 종을 하나도 남김없이 떨어트릴 수 있었다. 호모 사피엔스가 생물상을 재구성하기 시작한 것이다.

  그들은 이산화탄소와 메탄의 경로까지 재설정했다. 두 기체는 대기에서 꾸준히 침전되는 대신 증가하기 시작했다. 그러자 홍적세의 특징인 끊임없는 기후 변화 속에서 불과 최근에 발생해 진행 중이던 온난화가 관례를 벗어나 전 세계로 퍼졌다. 가장 신빙성 있는 원인은 멸종과 마찬가지로 호모 사피엔스의 증식이다. 태양열처럼 널리 퍼진 호모 사피엔스가 밀란코비치 주기를 따르는 진짜 태양열 방사에 도전한 것이다. 이러한 지구물리학적 온난화는 충적세의 시작을 알리며, 더는 기존 주기에 반응하지 않고 독자적인 시대를 열었다.

호모 사피엔스는 다른 모든 호미닌처럼 빙하기에 등장했다. 그러나 불을 다룬 덕에 지구상 유일한 호미닌으로 등극했다. 그들은 불쏘시개를 지렛대 삼아 아르키메데스처럼 지구를 움직였고, 때마침 유리한 환경이 그 받침점으로 작용했다. 마지막 간빙기가 찾아오자 화재 친화적 환경이 펼쳐졌다. 수천 년간, 대기는 물론이고 지구화학적 주기에 생물권까지 지구의 갖가지 측면이 밀리고 들리며 새롭게 배열됐다. 이 과정은 톱니바퀴처럼 맞물려 호모 사피엔스가 거머쥔 불의 힘을 증폭시켰다. 이로써 홍적세가 화염세로 넘어갔다.

얼음보다는 불과 함께 사는 게 더 쉬웠다. 얼음은 암석을 묻고 생명을 파괴하고 자신을 제외한 모든 것을 부정하는 등 배타적인 존재다. 그러나 단순히 물이 응고된 결과물이기도 하다. 생명체 없이도 생길 수 있다. 만질 수 있으며 원래 환경이 바뀐 뒤에도 오랜 시간 존재한다. 반면 불은 스치고 지나가는 반응이며, 필수 요소인 산소와 연료까지 모두 공급하는 생명체에 완전히 의존한다. 지형, 기후, 초목에 따라 다른 모습을 보인다. 게다가 제멋대로인 얼음과 달리 인간이 다룰 수 있다.

빙하기가 찾아오면 인간은 그저 떠나거나 주변에 머물며 적응할 수밖에 없었다. 그러나 불의 시대가 다가오자 레버를 당겨 기계를 움직이듯 무언가를 해나갈 수 있었다. 육상 생물은 연소를 자주 접하면서 서투르게나마 재창조하며 불과 함께 진화했다. 스스로 불을 붙일 수 있었던 호미닌은 훨씬 더 유리했다. 호모 사피엔스는 여기서 한 걸음 더 나아가 지질학적 시대를 열어젖혔다.

3장
두 번째 불:
길들여진 불

불의 창조물:
자연 경관

토머스 리빙스턴 미첼 Thomas Livingstone Mitchell은 삼촌 손에 자라다 삼촌이 세상을 떠나자 열여섯 나이로 영국군에 입대해 스페인 반도 전쟁 Peninsular campaign에 참전했다. 열아홉 살에 그는 제95소총여단 Ninety-Fifth Rifles의 중위였지만, 제도 기술을 보유한 덕에 종종 군수 참모에 버금가는 대우를 받았다. 종전 후에는 측량 분야로 돌아가 후에 제임스 와일드 James Wyld의 고전인 《스페인 반도 전쟁의 주요 전투, 공성전, 사건 흐름을 보여주는 지도서 Atlas Containing the Plans of the Principle Battles, Sieges, and Affairs of Peninsular War》에 실린 전장의 모습을 기록했다. 이 재능 덕에 1827년 호주 뉴사우스웨일스의 측량 감독으로 임명됐다.

미첼은 우선 시드니 전역을 스케치하고 지도로 옮겼다. 이후 총 4회에 걸쳐 탐험에 나섰고 회를 거듭할수록 더 멀리까지 다녀와 오지 최고 탐험가로 입지를 다졌다. 첫 번째 저서에서는 앞선 세 탐험을, 두 번째 저서에서는 네 번째로 탐험한 퀸즐랜드에 관해 기록했다. 지역, 자연사, 원주민을 세세히 기록한 문헌이었다. 그는 (호주에서 결투에 나섰다고 알려진 마지막 인물일 정도로) 특히 권위자를 향해 성미가 급하고 짜증을 잘 내는 성정이었지만, 당시에는 흔치 않게 공감과 통찰을 담아 호주 원주민을 기록한 자료를 남겼다. 여기에는 불도 포함됐다.

그는 달링강 유역에서 '매년 발생하는 전원 지역 대화재'를 언급했다. 또 다른 지역에서는 이런 기록을 남겼다. "원주민은 엄청난 노동력을 동원해 대규모 산불을 일으켰다… 그들이 제각기 다른 지역에서 중노동을 하며 피워 올린 불이 산불로 이어진 것이다." '불길과 연기'가 행렬이라도 하듯 8킬로미터나 이어졌다. 특히 연기가 '풍경에 웅장함을 더했다.' 여러 지역이 타들어갔고, 미첼 혼자 그 모습을 기록하지는 않았다. 영국에서 호주 원주민과 접촉한 시기가 비교적 늦고 계몽주의가 이미 널리 퍼진 뒤라서 유럽 출신 탐험가들이 자연과학 교육을 받았거나 동식물학자를 탐험에 동반했기 때문이다. 그들은 정복자와 성직자에게 기록을 맡겼던 이베리아반도의 탐험가들과 다른 방식으로 경관을 기록하고자 했다.[1]

그러나 미첼은 당대 인물 중에서도 경관 화재를 유독 잘 이해했다. 불이 동식물 그리고 사람과 상호작용하는 방식을 보고 그가 남긴 유명한 구절이 있다.

호주에서는 불, 잔디, 캥거루, 인간 모두 서로 의지하는 것 같다. 하나라도 부족하면 나머지가 휘청거린다. 불이 있어야 잔디가 타 없어지고 캥거루가 뛰놀 열린 삼림이 생긴다. 원주민은 정해진 철이 되면 장차 푸릇한 싹을 틔워 캥거루를 유인해 죽이거나 산 채로 잡을 수 있도록 들판에 불을 지른다. 여름이면 주로 여자와 아이들이 웃자란 풀을 태워 그 속에 있던 들짐승과 새 둥지를 찾아내어 식량으로 삼았다. 이런 단순한 과정이 없었다면, 오늘날 호주에는 백인들이 캥거루 말고 소에게 줄 풀을 구할 수 있는 열린 삼림 대신 뉴질랜드나 아메리카처럼 빽빽한 정글 숲이 있었을 것이다.[2]

이어서 '원주민이 매년 주기적으로 일으키는 산불이 없다면' 벌어질 암울한 전망을 내놨다. "시드니에 인접한 열린 삼림이 어린나무가 빽빽이 들어찬 울창한 숲으로 변모할 것이다. 원래 사람이 탁 트인 광경을 눈에 담으며 거칠 것 없이 전속력으로 달릴 수 있는 곳이 말이다. 캥거루도 볼 수 없고 덤불이 풀을 옭아매며, 결국 풀을 태우는 원주민도 온데간데없어질 것이다."[3]

재능 넘치는 괴짜에 경험 많은 여행가이자 예리한 관찰자였던 미첼은 호주에서 불이 어떤 역할을 하는지 간파했다. 불은 파괴자도, 부메랑이나 삽 같은 단순 도구도 아니었다. 불은 자연 경관을 태피스트리처럼 엮어갔다. 그러니 불이 없으면 크게 지장이 있을 터였다. 불은 사람과 함께 온갖 것에 영향력을 떨치는 끈끈한 연맹을 맺었다. 이러한 양상은 호주만의 특성이 아니었다.

얼음을 가진 행성은 지구 외에도 있다. 지구 주위를 도는 달, (엔셀라두스 Enceladus, 트리톤 Triton 등) 완전히 얼음으로 뒤덮여 외행성 주위를 도는 위성처럼 화성에도 얼음이 있다. 그러나 불의 행성은 생명체가 있는 지구뿐이다. 생명체가 불을 좌지우지하는 존재로 진화하자, 둘의 상호작용 결과는 덧셈 아닌 곱셈 값처럼 커져갔다. 인류가 일으킨 두 번째 불이 자연이 낳은 첫 번째 불에 도전장을 내밀었다.

호미닌은 불을 발명하지 않았다. 호미닌은 불을 주변에서 발견해 자기 것으로 만들었다.

사바나에 삼림지대까지, 호미닌이 나타난 곳에는 어김없이 불이 있었다. 호미닌은 잿더미를 파헤치고 넘쳐나는 새싹들 사이에서 식량을 얻다 가끔은 갑작스러운 화염을 피해 도망쳤다. 그러던 어느 날, 불붙은 나뭇가지를 집어 들었다. 그리고 제 손으로 멀쩡한 풀에 불을 붙였다. 불에 탄 고기를 슬쩍하는 대신 스스로 고기를 익힐 수 있다는 사실을 깨달았다. 그들은 요리를 할 수 있게 됐다. 불을 일으키자 빛과 열을 얻을 수 있었다. 다들 화염 주위로 모여들었다. 난롯가에 함께 모여 있으면 곧 가족이라는 인식이 오랫동안 이어졌다. 호미닌은 서로의 불을 합쳐 결혼이나 조약을 나타내고, 집안에서 불을 계속 지펴 인내를 보여줬다. 불 주위에 모여 하루 일을 들려주고, 문화 전달 통로이기도 한 이야기를 지어내며, 춤추고 노래하면서 정체성을 정의하는 의식을 확립했다. 기원 신화를 보면 대개 연약하고 위협까지 받는 주인공이 불을 거머쥐고 강력해진다. 불은 실재했으며 도구인 동시에 동반자였다.

그러나 무엇보다도 불은 힘이었다. 자연에 있는 모든 존재 중 사람에게 꼭 필요한 것이었다. 동에 번쩍 서에 번쩍하듯 날랜 불은 해양 생물에게는 별 쓸모가 없었지만, 육상 생물에게는 꼭 수용해야 하며 적극적으로 일으킬 수 있는 대상이었고, 특히 인간에게는 없어선 안 될 존재였다. 불의 영향을 받지 않는 환경에서 번성할 수 있는 생물종도 있었지만, 호미닌은 아니었다. 불은 사람이 단순히 이익을 위해 취사선택하거나 적응하는 대상이 아니었다. 존재를 위한 필수 요소였으며 요리를 매개로 호미닌의 DNA에 각인됐다. 인위적인 불이 세상을 바꾸기 전에 불이 먼저 호미닌을 바꾼 것이다.

두 번째 불

호미닌이 불을 획득한 사건은 불의 역사뿐 아니라 지구 진화 역사에서 상변화를 나타낸다. 자연 경관 속에서 불이 자연스레 등장하도록 유도하던 끝도 없이 복잡한 과정을, 호미닌과 그 곁에 있던 불이 간단히 축약해버린 것이다. 둘은 새로운 발화원과 연료로 사용할 수 있는 초목을 재편할 추가 수단을 내놓았다. 따라서 광범위한 지역에서 주기적으로 발화가 일어나고 연료 탓에 여러 소동이 벌어지기는 했지만, 호미닌이 개입한 이 두 번째 불 역시 자연의 불과 같은 제약을 받았다. 거대한 힘을 품은 레버를 직접 움직여도 여전히 같은 기계를 움직이는 꼴이었다. 인간은 불과 상호작용하며 조작할 수 있어도 지시를 내릴 수는 없었다.

불을 접한 다른 종과 마찬가지로, 불은 인류를 변화시켰고 바로 그 순간 그들도 불의 특성을 바꿀 수 있었다. 불과의 관계는 포식자-피식자 모델Prey-predator model과 거리가 멀었고 간단한 도구에 의지를 투영하는 수준을 넘어섰다. 불과 호미닌이 서로 권한을 부여하는 상호 원조 조약에 가까웠다. 불은 인간의 도움이 있어야 스스로 개척할 수 없던 영역으로 확장할 수 있었다. 인간 역시 멀리 이동하려면 불의 힘이 필요했다. 그렇게 자신은 물론 그 어떤 생명체가 얼씬도 못 할 곳으로 향했다. 아타카마 사막, 그린란드 빙상에 더불어 북극 유빙 아래와 달까지 유람했다.

그 결과, 불은 점점 빠르게 증가했다. 처음에는 결빙-해빙 주기에 맞추며 늘어나다 호미닌의 손기술과 지략 덕에 화재 다발 경관까지 드러나자 자그마한 힘을 얻더니 결국에는 호모 사피엔스의 등장과 함께 걷잡을 수 없이 강력한 존재가 됐다. 요리를 통해 짧은 장과 큰 머리를 가지게 된 호미닌은 경관을 요리하며 먹이 사슬의 정점에 올라섰다. 이어서 지구까지 요리한 호모 사피엔스는 행성 수준의 힘을 보유한 존재로 거듭났다.

인류와 자연의 분리 여부를 논하는 오래된 철학 담론이 있다. '천성과 양육이 우리를 구성하는 비중은 얼마나 될까?' 얽혀 있는 둘의 관계는 불을 둘러싸고 특히 복잡하다. 인간과 불이 써내려온 이야기는 모두 천성에서 시작해 대부분 양육으로 끝난다. 처음에 인위적인 불은 자연의 불과 같은 제약, 같은 추진력, 같은 연료를 바탕으로 겨룬다. 그러다 마지막에는 본질이 분리된 후 강화돼 재조합까지 거치며 끝을 본다. 자연적인 불에 인간의 양육을 더한 도플갱어 같은 존재인 것이다. 성질 급한 신참인 인위적인 불은 전 세계적으로 불이 거동하는 방식에 도전장을 냈다. 급기야 불의 물리적 측면을 재구성하며 자연적인 불이 만들어낸 지리를 재편했다.

불을 다루는 생명체가 화재 친화적 시대와 만난 시점은 매우 의미 있는 변곡점이다. 그래서 식물이 대륙을 장악한 이후로 지구상에서 불이 보여준 가장 큰 변화로 생각해야 한다. 첫 번째 불인 자연적인 불에는 제 이름을 가질 자격이 있는 도전자가 있었다. 키케로가 제시한 유명한 개념으로서 제1의 자연을 바탕으로 인간의 솜씨가 빚어낸 '제2의 자연' 속에서 움직이던 그 도전자를 두 번째 불이라고 하자.

불과 도가니

요리는 중요한 기술이자 화염 기술의 근본이었다. 통제된 환경에서 식량을 가열하는 것은 소화 준비 과정이다. 질긴 섬유질을 부드럽게 만들고 탄수화물을 호화(糊化, 전분이 물과 함께 가열되었을 때 전분 입자가 팽창하고 점성이 높아지는 현상 – 옮긴이)하며, 날것일 때는 입에 댈 수조차 없던 잠재적인 식자재를 음식으로 만들어준다. 카사바Cassava 같은 덩이줄기Tuber 속 독소를 없애주고 돼지, 곰과 같은 육류의 기생충을 제거한다. 연구에 따르면, 사람은 날고기만으로 번식에 번성은커녕 생존조차 불가능하다. 초기 호미닌은 요리를 통해 영양적 티핑 포인트를 맞이하면서 장이 짧아지고 하악골이 더는 억셀 필요가 없어졌으며 두개골과 함께 더 커진 뇌에 에너지를 충분히 공급할 수 있게 됐다.[4]

요리는 이제 모든 화염 기술의 표본으로 자리 잡았다. 시간이 지나면서 사람들은 모래, 광석, 점토, 진흙, 석회암, 나무, 석유를 요리하듯 가공해 유리, 금속, 도자기, 벽돌, 시멘트, 타르, 테레빈유를 생산하는 방식을 터득했다. 불로 강도를 더해 창부터 쟁기와 대포까지 여러 도구도 만들었다. 이와 같은 창조 사슬 중 어디를 봐도 불을 배제한 기술이 거의 보이지 않았다. 불은 상호작용을 할 줄 알았다. 도구로써 다른 도구를 만들 수 있었다.

원시 시대의 불은 상대가 될 경쟁자가 몇 없고 복잡한 과정을 거치지도 않았던 터라 거대한 위용을 자랑하며 온 세상을 만들었다. 그 모습을 본 인간은 불에서 자연 세상이 비롯했다고 생각했다. 그러나 서양 세계에 문명이 비추던 무렵, 불은 주연은 물론이고 다른 현상을 설명하는 조연까지 그 역할을 넓혔다. 음식과 금속의 탄생을 보면 조연으로 참여한 불의 활약상을 알 수 있다.

영적 세계에서도 불은 근본이었다. 여호와는 불타는 덤불로 모세에게 본인을 드러냈다. 올림포스산의 12신 중 베스타와 불카누스, 인도의 아그니^{Agni}라는 불의 신이 있었다. 콜럼버스 개척 시대 전에는 '늙은 신'이라는 뜻의 디오스 비에호^{Dios Viejo}가 멕시코의 기원 신이었다. 그를 숭배하는 의식에는 제단에 양초와 꺼지지 않는 불이 함께했다. 제물은 대부분 태워 그 연기를 하늘로 올려보냈다. 52년 주기로 돌아와 새로운 불을 피워 올려야 했던 아스테카 문명의 고유 풍습처럼, 우주 차원에서 미리 정해진 시기가 찾아오거나 위기가 닥치면 새로운 불이 타올라 선을 권하고 악을 벌했으며 온 세상을 산산이 조각낸 후 새롭게 짜 맞췄다. 뿌리가 된 사상이나 기원에 얽힌 역사적 상황이 더는 존재하지 않아도 불을 피우는 의식은 계속 이어져나갔다.

속세에서도 불의 지위는 그대로였다. 헤라클레이토스^{Her-}

aceitos는 불을 변화의 보편적 상징이자 수단으로 여겼다. 모든 것이 불로 변할 수 있었고, 반대도 가능했다. 엠페도클레스Empedocles는 불을 4원소에 포함했다. 아리스토텔레스는 불이 변화를 창출하는 표준 체계라고 생각했다. 온갖 것에 세상까지 불을 바탕으로 끝없이 변하는 가운데 불을 받아들이지 않고서는 세상을 설명하는 체계가 작동할 수 없었기 때문이다. 연금술사의 실험실은 수많은 물질 속에서 불이 일으킬 변화를 계획대로 유도하기 위해 요리하는 도가니였다. 런던왕립학회the Royal Society of London 설립자 중 한 사람인 로버트 훅Robert Hooke은 손수 제작한 현미경으로 숯을 관찰한 결과를 저서 《마이크로그라피아Micrographia》를 통해 발표했고, 이듬해인 1666년에는 측량사로서 런던 대화재를 기술했다. 초기 계몽시대에도 '불'은 어디에나 있었다. 하늘에서는 태양, 별, 혜성으로, 지하에서는 마그마로, 지표면에서는 자연과 인류가 끝없이 일으키는 화염의 모습을 하고 있었다.

그러나 불은 도구나 개념에 머무르지 않고 관계를 맺었다. 아마 인류가 최초로 길들인 대상이었을 것이다. 도끼, 긁개, 작살과 달리 선반에 얌전히 있을 수 없었고, 필요할 때까지 기억에서 지워졌다. 불은 일단 붙으면 보살핌이 필요했다. 먹을 것과 몸을 누일 곳이 있어야 했고 통제에 관리까지 받아야 했다. 그러려면 누군가 (아이를 기르듯) 불을 계속 돌봐야 했다. 다들 모여서 요리하고 대화를 나누는 사회 질서가 잡히기 시작했다는 것은 곧 불의 요구를 들어줄 집단이 생겼다는 의미였다. 장작만 넣어도 매일 불을 수 시간 땔 수 있었을 것이다. 만약 불이 꺼진다면, 불을 마음껏 피울 수 있도록 온갖 재료를 동원했을 것이다. 외츠탈 알프스Ötztal Alps 빙하에서 발견된 아이스맨The Iceman은 소지품이라고는 몇 개 없으면서도 부싯돌과 부싯깃은 가지고 있었다. 언제나 사람들은 불을 꺼트리지 않고 계속 피우고 싶어 했다. 1761년, 일 드 사블Île de Sable(트로믈랭섬Tromelin Island) 동쪽에서 조난당한 프랑스 선원들과 마다가스카르 출신 노예들이 요리를 하고 조난 신호를 보낼 목적으로 15년간 간신히 불씨를 이어갔고 그중 8명만 생존자로 발견됐다.[5]

  불씨를 이어가려면 불을 위한 장소, 즉 불을 꺼버릴 수도 있는 비나 기타 원인을 피할 장소가 필요했다. 인간이 길들인 최초의 존재인 불은 생물종이 아니고 생명의 기운이 전무한데도 생명이 숨 쉬는 자연 속에서 자연의 특성을 일부 가지고 나온 특이 반응이었다. 그래서 사람이 지내는 '집'에 몸을 뉘었다. 이후 같은 일이 벌어졌다. 어떤 종을 길들인다는 것은 불기운이 도는 집안에 들인다는 의미였다.

화로에 둥지를 튼 불은 그곳에만 머무르지 않았다. 형태를 바꾼 채 자신의 뿌리인 경관으로 돌아갔다. 물론, 이런 일은 (현재와 다를 바 없이) 대체로 우연히 일어났다. 불에 탄 경관에 들어가 잿더미 속에서 움트는 먹이를 찾아다니는 생명체가 없었다면, 사람은 자연의 기행에 기대지 않고 자신 역시 그런 환경을 만들어낼 수 있다는 생각을 한참 뒤에야 했을 것이다. 그러나 불길이 지나간 후 새로 싹 튼 먹이에 얼마나 많은 사냥감이 관심을 가지는지 목격했다. 나름 불을 잘 지른다면, 경관 전역에 걸쳐 사냥감을 유리하게 유인할 수 있을 터였다. 주변에 적응만 한 것이 아니라 마치 운영 체제에 침입해 조작하는 해커처럼 환경을 입맛대로 바꿀 수 있던 것이다.

최근 불에 탄 지역에서 풀을 뜯는 물소를 생각해보자. 화재 이후 2년간, 온전한 지역에는 얼씬도 하지 않는다. 이런 물소가 불을 지필 수 있다면, 목초지의 조성 시기와 조밀도를 비롯해 불이 활개 칠 더 너른 생태계에 어떤 영향을 끼칠까? 놀랍게도 인간은 스스로 그런 능력을 거머쥐었다. 다른 종은 상상도 못 할 방식으로 주거지뿐만 아니라 더 넓은 주변 환경까지 빚을 수 있었다. 이 과정에서, 모습을 바꾸고 이동까지 할 수 있는 불의 영향력이 널리 퍼져나갔다. 끄트머리에 불씨가 붙은 불쏘시개가 생태계에서 경관을 움직이는 생물학적 지레로 작동한 것이다.

그런 지레를 댈 받침대는 자연에 있었다. 호주 원주민은 '통제를 더한 발화 행위'인 '원주민의 불 Aboriginal fire'을 일으킬 때 화재 장소와 시기를 정할 수 있었다. 해당 풍습을 되풀이하며 땅의 특성과 화재 저항성을 바꿀 수도 있었다. 그러나 불이 완전히 사그라질지 아니면 번질지는 불쏘시개를 쥐고 최적의 환경에서 불을 피우는 것 외에는 별 능력이 없는 원주민이 아니라 환경에 달려 있었다. 통제가 덜하면 불은 화로에서 벗어나 더 넓은 영역을 길들였다. 횃불로 일으킨 모닥불에서 전국에 걸친 화재가 탄생한 것이다.

원주민의 불: 자주 발생하는 잔잔한 선제적 화재

원주민 사회는 광범위하게 놀랍도록 일관적이다. 아한대 삼림, 열대 사바나, 사막 스텝, 반건조 삼림, 혼합림에서 시공간적으로 유사한 양상이 별 차이 없이 나타난다. 이러한 공간에서 원주민의 불은 선과 면 형태로 등장한다. 시간상 화재철 또는 수확이나 사냥 이후 경작지를 태우는 시기에 말이다. 원주민의 불은 사냥감을 겨울 동안 쉽게 사냥할 수 있는 지역으로 몰 수 있다. 도토리와 밤을 더 쉽게 모을 수 있게 돕는다. 이 불은 비 내리기 전, 휴경 이후 눈 내리기 전까지 자주 선제적으로 발생한다.

원주민의 불은 화염 지리가 자리할 틈을 새긴다. 선의 형태를 띤 불은 경관 전역에 걸쳐 인간의 자취를 따른다. 인간의 이동성을 향상하는 수단이기도 하고 (신호용 불, 잦아든 모닥불과 같이) 어디서나 사람과 함께하는 화염의 부산물이기도 하다. 면 형태의 불은 사람들이 사냥과 수렵의 효율을 높이거나 주거지 주위로 화재 저지선을 유지하려고 일부러 내는 것이다. 그 결과, 자연적인 불이 함께하는 지역의 연소 영역이 확장하고 재편된다.

시간이 지나면서 비슷한 일이 생긴다. 사람들은 실제 환경에 맞게 해마다, 어쩌면 10년마다 주기적으로 움직인다. 그들은 벼락이 치기 전에 화재 다발 경관에 불을 붙인다. 작은 면적으로 시작해 땅이 건조할수록 태우는 면적의 수나 규모를 늘려 불길이 서로 맞닿게 한다. (벼락과 함께) 우기가 시작될 즈음이면 사람들이 태우거나 산불에서 보호하려던 모든 지역이 이미 다 탄 상태다. 사람들은 축축한 땅에 건조한 풀이 나 있을 때처럼 주변 환경을 보고 자연스레 불을 놔야겠다고 생각할 수 있다. 아니면 의식, 노랫말 등 사회적 지식을 기록하고 규정하는 여러 수단에 담긴 경험을 따를 수도 있다. 해마다, 수 세기에 걸쳐, 수천 년간 불붙이기를 반복하면 불에 노출된 지역이 적응할 수밖에 없다. 그래서 불을 주기적으로 붙일수록 통제하기 쉬워진다.

   불은 통합하고 상호작용한다. 사람들은 단순히 불만 일으키지 않았고, 무얼 하든 불과 함께했다. 파기 막대, 창, 부메랑을 제작하려면 불쏘시개가 필요했을 것이다. 불이 관여한 가장 흥미로운 상호작용을 꼽으라면 한때 많았던 거대동물들과의 관계일 것이다. 초식동물의 먹이가 곧 불의 연료였기 때문이다. 화재 다발 환경에서 거대동물이 멸종한다면, 쓸만한 연료가 더 많아지는 꼴이었다. 화재가 일어나기 더 쉬워진 것이다. 만약 우기와 건기의 구분이 없는 그늘진 숲처럼 화재를 잘 견디는 곳에서 거대동물이 없어진다면, 불이 절로 일어나는 일은 없을 터였다. 호모 사피엔스가 퍼지면서 거대동물이 사라졌다. 그러자 중앙 유럽에서는 불이 사라지고 사람들의 거주지가 줄었다. 호주 전역에서는 불이 급증하면서 원주민 사회에 적합한 주거지가 널리 생겼다. 북아메리카에서는 얼음이 물러나자 지역에 따라 화재 발생 빈도에 차이가 생기면서 기후, 불, 연료의 조합에 따라 다양한 양상이 나타났다.

불쏘시개는 정확한 동시에 크고 작은 영향을 미칠 수 있었다. 나무 몸통 속 빈 곳을 태우면 (아마 흰개미도 일조한 덕에) 넓은 공간이 생겼고, 여기에 반해 터를 잡은 포유류를 나중에 연기를 피워 포획할 수 있었다. 딸기류가 자라는 지역을 태우면 열매가 많이 맺혔고 버드나무 덤불을 태우면 바구니 짜기 좋은 잔가지들을 얻을 수 있었다. 불길이 가시면 새로 나는 싹이 덫 역할을 했고, 연기를 피워 모기와 진딧물을 쫓아내고 사슴이나 코뿔소를 유인할 수 있었다. 불빛으로는 사냥감에 '스포트라이트'를 비추고 밤에 물고기를 유인해 더 쉽게 작살을 던질 수 있었다. 벌집에 연기를 피우면 집을 나서는 벌들을 어리둥절하게 만들어 꿀을 쉽게 모을 수 있었다. 경관 규모로 광범위하게 움직이는 불을 내면 초식동물을 겨울과 여름에 목초지로 몰아넣었다가 눈이 내려 길목을 막는 시기에는 적당한 사냥터로 변하는 골짜기로 유인할 수 있었다. 불만 있으면 생태계에서 무엇이든 모으고 뒤쫓고 포획할 수 있는 꿈 같은 일이 펼쳐진 것이다. 그러자 가연물이 소비되기 시작했다.[6]

1969년, 리스 존스^{Rhys Jones}는 유명 저서에서 호주 원주민 발화의 누적 결과를 '불쏘시개 농업^{Firestick farming}'이라고 칭했다. 원주민의 불은 계획적으로 수없이 자주 일어나 결국 일종의 연소 원예 Pyric horticulture를 보탰다. 이는 유럽 농업경제학의 시각과는 다른 농업 형태였다. 경작용 들판, 울타리 친 목초지, 토지 사유 개념, 윤작과 같은 특징이 보이지 않았기 때문이다. 그러나 고유 생물상이 살아 숨 쉬는 유럽처럼 자생종으로 문화 경관을 일궜다. 그 경관은 원주민이 웜뱃이나 바람처럼 지나가기만 하는 황야가 아니었다. 단순하지만 호주에 가장 잘 맞는 강력한 기술인 불이 빚어낸 결과였다.[7]

  신기하지 않은가. 광활한 대지에 원주민은 몇 없고 눈에 띄는 석기나 목기도 없는데 호주에서는 경관 전역에 걸쳐 불이 널리 번지니 말이다. 불이 자주 난다고 하면 으레 사람이 많으리라 생각하기 쉽다. 그러나 사냥철과 수확철에 따라 원주민들은 법적으로 정해진 토지에 묶인 유럽 농부들이라면 상상할 수 없을 드넓은 지역을 돌아다니며 불을 퍼뜨릴 수 있다. 연기가 피어오르는 불쏘시개를 하나씩 쥐고 이동한다면 헤아릴 수 없을 정도로 많은 불을 피울 수 있을 것이다. 존스는 호주 내에서 인구가 많은 지역에서는 30제곱킬로미터당 약 40명이 거주했다고 추정했다. "매일 평균 3개의 사냥 집단이 본거지를 떠나 6개월 내로 각각 불을 10회 일으켜 매년 5,000건에 달하는 산불을 냈을 것이다." 그에 따르면 이는 '매우 보수적인 추정'이었다. 게다가 불은 사람처럼 돌아다닐 수 있다. 고랑만 파는 쟁기나 나무만 찍는 도끼와 달리 일단 붙으면 비, 거센 바람, 바닥을 보이고 마는 연료 때문에 불가능할 때까지 알아서 번식하며 번진다. 사람이 많으면 불도 자주 나지만, 집중 소화가 가능하다. 그래서 경관 전역에 불이 번지려면 불쏘시개가 멀리 돌아다녀야 한다.[8]

이런 불은 자연의 불과 어떻게 상호작용할까? 둘은 경쟁하며 공모한다. 한 시공간에 두 가지 불이 존재할 수 없다. 하나가 타면 나머지 하나는 탈 수 없다는 뜻이다. 두 불이 경쟁하는 가운데 원주민이 능숙하게 불을 놓아 주거지나 사냥터를 위협할 산불을 예방할 수 있다. 그러나 이런 불은 자연의 주기를 벗어나거나 (지중해 지역처럼) 화재 다발 특성을 보이지만 벼락이 드물어 불이 잘 안 나는 곳에서도 보인다. 이처럼 주기적인 발화가 없는 지역에서는 인간이 손을 써 두 불이 공모하게 된다. 점점 여러 지역에서 인간이 피운 두 번째 불이 영향력을 행사하다 첫 번째 불을 대체하기 시작했다. 황야가 길들인 전원 지역으로 탈바꿈한 것이다.

소나기보다도 못한 취급을 받는 듯한 두 번째 불은 최근 들어 자연보호구역과 보호 삼림이 지정되며 재평가받았다. 해당 지역은 부자연스럽고 해롭다는 이유로 두 번째 불을 즉각 배제했다. 그러자 초원이 있던 자리에 숲이 생기거나 견고했던 단일 수목 삼림이 듬성듬성 남는 등 생물군계 이동 현상이 발생하는 지역이 생겼다. 두 번째 불이 멎자 자연의 불이 때로 흉포하고 이전보다 더 크게 되살아난 지역도 있었다. 이렇듯 불쏘시개를 제거하면 길들인 화염이 있던 자리를 야생 화염이 차지한다.

농부의 불: 불과 휴경

그러나 원주민의 불에는 엄격한 한계가 있었다. 주변 환경이 허용하는 만큼만 탈 수 있었다. 정해진 철에 일부 생물군계가 더 많아야 했고 안개와 눈이 아닌 바람과 햇볕을 통해 번질 수 있었다. 이에 사람들은 기존 환경을 유리하게 바꿔 불을 잘 받아들이는 장소를 얻어냈다. 특성상 불이 거의 붙지 않는 곳에 굳이 불을 가져다 놓지는 않았을 것이다. 불이 필요하면 근본부터 바꿨을 테니 말이다.

   이것이 불의 역사에서 농업이 가지는 의의다. 사람들은 삼림과 이탄지대를 베는 동시에 바싹 말리고, 습지에서 물기를 없애며, 가축을 풀어 덤불이 우거진 땅을 다지고 관목을 다듬으면서 불이 붙을 수 있는 환경을 조성한 후, 화재 이후 환경에 적응한 식물을 도입해 식량을 재배할 수 있었다. 불쏘시개 농업에서 화경 체제로 불을 다루는 능력을 한 차원 높인 것이다. 오랜 세월 옥죄던 제약도 불과 함께 타파할 수 있었다. 거의 어디서나 농경지를 넓혀주는 불 덕분에 범람원 바깥에서도 농사를 지을 수 있었다. 오늘날까지도 자연 경관에서 화염은 그루터기 화입, 화경, 화전 농법, 목초지 화입, 침엽수 조림, 우림과 이탄지대 개간이 벌어지는 농업 맥락 속에서 모습을 드러낸다.

  불은 의식에서 부여한 의미대로 선을 권하고 악을 몰아냈다. 연기를 피워 일시적으로 토착 동식물을 몰아내고 외래종이 잿더미 속에서 번성할 수 있는 비옥한 환경을 조성했다. 이때 외래종이 불에 적응한 생물상이라면 금상첨화였고, 대체로 그랬다. 건기와 우기를 주기적으로 겪어 불뿐만 아니라 그 이후까지 아는 곳에는 길든 식물이 탄생한 발원지가 있다. 길든 동물의 발원지 역시 건기와 주기가 일상적으로 오가는 곳이 대부분이며 계절에 따라 목초지가 비탈을 타고 오르내리는 산악 지역처럼 자연스레 불에 적응한 곳도 있다. 이렇게 사람들은 불꽃을 틔워 동식물을 모두 조절했다.

  불을 촉매로 삼는 농업은 불을 응용한 생태 행위다. 지역의 회복을 위해 불을 일으켜 생태계에 충격을 가한다. 이때 적절한 연료가 필요하기 때문에 농사를 통해 가연물을 직접 재배한다. 휴경이라고 하면 앞서 소개한 회복이라는 말이 가장 잘 어울렸기에 유럽의 농업경제학자들은 혼란스러웠다. 휴경을 낭비라며 개탄하고 근거 없는 풍습이라며 비난했기 때문이다. 한술 더 떠 휴경지가 단순히 불에 타는 곳이라고 생각했다. 그러나 휴경지는 타서 없어지는 것이 아니라, 타기 위해 경작되는 지역이었다. 농업에서는 불이 대단히 중요했고 그 불을 내려면 연료가 있어야만 했다.

연료는 여러 지역에서 다양한 방식으로 얻을 수 있었다. 나무를 환상 박피 Ringbarking 하거나 쓰러뜨린 후 그대로 고사하게 놔두는 방법이 있다. 벌목은 힘들지만 더 많은 연료를 얻을 수 있는 방식이었다. 온대와 아한대 삼림에서는 대체로 큰 나무를 베었고 어수선하지 않도록 죽은 나무를 그대로 세워 놨다. 열대 삼림에서는 그늘을 드리울 정도의 나무만 남기고 벌목했다. 가장 잘 타는 것은 작은 나무, 관목, 지표 부스러기와 같은 미세 연료였다. 따라서 미세 연료를 최대한 많이 모아 여기저기 흩뜨려 화재로까지 이어질 열기를 내야 했다. 생물량이 충분하지 않다면 연료로 쓸 솔잎, 잔가지, 배설물, 지푸라기, 마른 해초 등을 추가하면 됐다. 불이 불답게 타오르려면 연료가 충분해야 했다.

삼림이 없는 경관에서는 고지대 황야나 습지를 이탄과 같은 유기질토로 바꿔 연료를 얻을 수 있었다(토지 개량은 산업 혁명에 앞서 유럽에서 일어났던 농업 혁명의 주된 목적이었다). 여기서는 배수가 벌목을 대신했다. 지하수면의 깊이에 따라 이용할 수 있는 연료가 결정됐다. 얕은 곳은 태우면 그만이고, 깊은 곳에서는 풀을 뿌리째 뽑아 쌓고 말린 후 태워 거름을 만드는 작업을 할 수 있었다. 관목을 줄지어 심고 솎아낸 가지를 그대로 놔둬 장작처럼 쓸 수 있었다. 들판을 연료로 삼기 위한 저림 작업 Coppice이었다. 카나리아 제도 Canary Islands에서는 소나무 가지가 장작 역할을 했다. 사실, 끊임없이 가연성 물질만 내놓는다면 어떤 공급원이든 효과가 있었을 것이다.

이런 체계는 어찌 보면 사광 채굴과 비슷해 보이지만, 토지를 폐광처럼 만들지 않고 재생해 농부가 돌아올 자리를 마련한다는 차이가 있다. 두 번째로 실시할 때부터는 나무가 더 작아지고 벌목하기도, 태우기도 쉬워져서 한결 편했다. 북유럽 어휘에서 유래한 '화전 Swidden'은 재생과 토지 환경에 따라 설정한 주기를 따랐다. 삼림이나 관목지라고 해서 다 화전에 적합한 것은 아니었다. 화전민들은 생산성이 가장 높은 지역을 선별해 목표물로 삼았다. 그래서 불길이 닿은 곳과 닿지 않은 곳이 뒤섞여 있었고, 불에 탄 곳은 저마다 복구 경과가 달랐다. 자연에서 절로 일어나던 현상이 사람 손에 길든 결과였다. 이런 지역은 생물 다양성의 원천이 됐다.

한 번 태워서는 효과가 오래가지 않았다. 농부들은 재가 덮인 땅에 이듬해까지 작물을 심기도 했다. 그러나 (이제 잡초 취급을 받게 된) 토착 식물이 돌아왔고, 재차 땅을 태워도 작물 재배를 이어갈 수 없었다. 결국 그 지역은 방치되거나 목초지가 됐다. 농부들은 이전에 경작한 적 없는 곳으로 가거나 (대체로) 주기에 맞춰 새로운 지역으로 이동했다. 몇 년이 아니라 수십 년에 걸쳤을 긴 휴경의 시작이었다(힌디어로 미경지로 변한 곳을 '장갈 Jangal'이라고 한다. 다시 돌아온 식물이 조밀하게 자라는 경향이 있어 우림과 같은 다른 환경을 이르는 말로, '정글 Jungle'의 어원이기도 하다).

오랜 기간에 걸쳐 생물상의 특징이 저절로 변하고, 반복되는 불에 체제가 변할 수 있다. 이로운 종은 살아남고, 해로운 종은 발붙이지 못한다. 한 곳에서 오래 경작하는 편이지만 이동 경작까지 하는 중앙 유럽에서 이런 모습을 잘 볼 수 있다. 아마존강 유역 동쪽에 거주하는 카아포르 Ka'apor 원주민을 연구한 결과에 따르면, 현존하는 식물이 거의 전부 (90퍼센트가량) 이용되며 그 밖의 식물도 '생태적으로 중요하다.' 학습의 영향도 있겠지만, 바람직하지 않은 식물을 제거한 결과이기도 하다. 같은 연구를 보면 이 지역의 생물 다양성이 각기 다른 시기에 베고 태우고 방치해 땅을 얼룩덜룩하게 만들고서 천연 교림 High forest에서는 볼 수 없는 종을 가져다 놓는 초기 수준 화전에 얼마나 기인하는지 알 수 있다.[9]

  화경 농업은 만연했다. 태국의 산악지대, 핀란드의 아한대 삼림과 이탄지대, 인도 중부의 산악지대, 필리핀의 철형 지형 Tumbling terrain, 러시아의 소나무 스텝, 북아메리카의 산록 Piedmont과 해안 평원, 아마존 유역, 마다가스카르, 아프리카의 미옴보 Miombo 삼림지대, 영국의 개량 경관, 프랑스의 아르덴 숲 등 경작할 작물을 길들여 놓은 상태에서 여건만 되면 어디서나 성행했다. 그래서인지 이누이트어에서 다채롭게 표현하는 '눈'처럼 경관과 주기에 따라 다양한 말로 불린다. 핀란드어를 예로 들면, 숲속 이동 경작을 이르는 다양한 말이 있다. 신규 지역(후타 Huutta)인지 기존 지역(카스키 Kaski)인지, 한철(리에스카마 Rieskamaa)인지 여러 해에 걸쳐 있는지(퓌캘리쾨 Pyukälikkö), 지역 삼림지대인지 이탄지대('들끓다' 또는 '빛나다'라는 의미의 퀴테애 Kyteä에서 유래한 '퀴틀란드스브루크 Kyttlandsbruk')인지, 습지 화입 지역이 동쪽인지 서쪽인지에 따라 달랐다. 지역적이고도 특정한 용어들이다. 학계에서는 '이동 경작 Shifting cultivation'보다는 더 추상적이면서 '베고 태우기'보다 덜 구어

체적인 일반적인 용어를 원했고, 1950년에 이르러 불타는 황야를 의미하는 옛 노르웨이어 단어인 화전^{Swidden}을 채택했다.[10]

기존 방식으로 화전을 하려면 돌아다닐 토지를 충분히 확보해야 했다. 그러나 노동자를 특정 지역에 잡아두는 사회체제가 확립되면서 더욱 주의를 기울여야 하는 집약 농업이 탄생했다. 경작지가 경관 전역에 있는 것이 아니라 (반대로) 경작지에 다양한 경관이 들어차는 형태였다. 사람들은 필요에 따라 한 작물에 이어 다른 작물을 심는 윤작을 하고, 잡초를 제거해 식물 재배 기간을 늘리며 식생을 이어나갔다. 또다시 불을 일으켜야 할 때가 오면, 경작지를 휴경 상태로 전환하고 태워 새로운 주기를 맞이했다. 불을 응용한 생태의 또 다른 예시다. 휴경 주기는 2년 내지 3년에서 최대 12년이었을 것이다.

그러나 휴경은 식물군에만 효과가 있었다. 동물군에는 다른 요법이 필요했고, 그에 따른 두 가지 문제가 있었다. 하나는 연료였다. 동물은 느린 연소를 위해, 불은 빠른 연소를 위해 똑같이 풀, 잔가지 등 미세 연료를 두고 경쟁했다. 가축이 선수를 치면 불이 집어삼킬 것이 남지 않다 보니 가연물이 충분한 목초지를 찾거나 휴경지를 설정해야 했다. 자연에서는 초식동물이 신선한 풀을 찾아 이동하기 때문에 (어떤 이유로든) 온전히 남아 있는 풀이 있었다. 남은 풀은 한 철만 지나도 맛이 훨씬 떨어져 좀처럼 소비되지 않아 태우는 용도로 쓸 수 있었다. 그러나 과방목을 하면 연료로 쓸 남은 풀까지도 몽땅 사라져, 땅이 불을 매개로 생태계에서 힘을 되찾을 기회를 잃었다. 식물, 초식동물, 불이 모여 불의 생태를 상대로 확실한 해결책이 없는 삼체 문제를 만든 것이다.

  다른 문제는 주로 한곳에 정착해 살아가는 사회에 있었다. 가축과 작물, 목동과 농부 그리고 불을 통합하는 것이 문제였다. 유럽의 사례를 살펴보면 잘 알 수 있다. 두 극지방에서는 불이 거의 필요하지 않았다. 순록 떼가 먹는 지의류만 해도 불에 민감하고 화재 이후 복구되는 데 수십 년이 걸릴 수 있어 인위적인 화입을 반기지 않았다(봄철 화재 이후 기존 먹이를 보충해주는 고마운 새싹이 자라기는 했다). 그러나 아한대 삼림에는 불이 붙기 때문에 동물들이 불을 피해 돌아다닐 너른 경관이 필요했다. 이외에도 외곽 지역에는 우유 생산, 밭일, 이동을 위한 젖소, 소, 말과 같이 특정 역할을 담당하는 가축을 소량 키우는 작은 농장이 있었다. 이런 농장은 집약 농업의 텃밭 같은 존재였다. 가축은 경작지에서 재배한 사료를 먹고 비료로 쓸 거름을 내놓았다.

그러나 대체로 동물은 경작지(내야)와 야생 초원(외야)을 오가야 했다. 내야와 외야 모두 단일 소작지 안에 있었을 것이다. 아니면 초원이 경작지에서 다소 떨어져 있거나 계곡과 비탈 사이에 있었을 것이다. 북유럽에서는 여름이면 여성과 어린이가 (주로 겨울에 보관할 치즈를 만들 우유를 짜기 위해) 멀리 떨어진 숲이나 고산 지대에 있는 하계 목장Saeter으로 이동했다. 알프스 유럽에서도 같은 목적으로 산간 마을을 조성했다. 이런 지역에서는 항상 파릇한 싹을 틔우고 숲이 들어차지 않게 하려고 불을 질렀다. 또한, 철마다 목동이 길을 나서 헤어져도 가족이었기에 사회적 유대감이 변치 않았다. 유대감의 범위는 지중해 유럽에서 확장됐다. 여름에는 산간 초원, 겨울에는 계곡 초원(이나 그루터기만 남은 들판)으로 많은 동물을 몰며 이동 방목Transhumance을 했다. 특히, 이베리아반도에서는 중앙 고원을 가로질러 멀리까지 동물을 모는 고유 방목 방식이 등장했다.

이베리아반도의 외곽 초원은 화재가 빈번했다. 매년 이동 방목 경로와 목초지가 타들어 갔지만, 매번 화염이 동반되지는 않았다. 목동은 사회적 유대감과는 별개로 자신을 다른 집단으로 여겼고, 초원에 놓은 불처럼 사회적으로 정돈된 경관에 쉬이 녹아들지 않았다. 그들은 방목과 함께 신대륙으로 옮겨갔다. 주로 바스크 출신인 일부 목동은 전통적인 방목 방식과 함께 향했고, 그 결과 해당 지역에서는 방목용 불이 겨울에 내리는 눈처럼 계절적인 특징으로 자리 잡았다. 반면, 장거리 방목은 미국 서부의 전설적인 소몰이 형태로 변형돼 소 떼를 들이기 전 신선한 싹을 틔우고 들불을 방지하려 (가장 잘 알려진 플린트힐스 Filnt Hills 등) 여러 지역을 태우는 형태로 발전했다.[11]

농업에서 추구하던 이상은 일관된 사회 체계 속에서 지속적으로 작물과 고기를 제공하는 것이었다. 전원 지역 중 일부만 경작이나 방목을 할 수 있었기에 대체로 혼합 체제로 귀결됐다. 외야 또는 특정 계절 한정 목초지에서 방목을 하거나 고지대 또는 외딴곳에서 사냥과 채집을 하는 한편, 계곡이나 범람원에 농장을 마련했을 것이다. 생태계 곳곳에서 일어나는 이 모든 활동을 불이 부드럽게 이어 붙였다. 2차 가공 수단인 요리 역시 재배나 채집을 거친 연료와 항상 함께했다.

원주민의 불처럼 농부의 불에도 한계가 있었다. 경작지를 휴경해 풀을 웃자라게 하거나 주변 외야에서 솔잎이나 잔가지를 가져다 연료로 써야 했고, 이는 곧 일부 지역에서 1년간 경작을 할 수 없다는 말이었다. 연료를 많이 얻으려면 경작지에 병 주고 약 주는 수밖에 없었다. 화수분처럼 연료가 넉넉하던 숲이나 황야에서는 수 세기가 아니라 수십 년만 지나도 동이 났다. 쉴 틈 없이 연료를 가져다 쓰다 보니 숲이 충분히 회복하지 못했고, 토양까지 서서히 양분을 잃고 힘을 다 썼다. 벌목과 배수에 이은 화입, 방목 경로에 따른 계절적 연소가 있어 불이 자연적으로 설정된 경계를 넘어설 수 있었지만, 한계가 있거나 대가가 따랐다. 화염 경계를 지나치게 넓히면 무너질 수 있었던 것이다. 토양이 감당할 수 있는 능력 이상으로 밀어붙이면 이후 세대가 곤란해질 것이 분명했다. 따라서 원하던 대로 불이 더 많이 필요하다면, 가연성 물질을 얻을 다른 장소를 찾아야 했다. 유럽인들은 아메리카와 호주라는 신대륙으로 활동 반경을 넓혔다. 이후 원주민과 상관없이 신대륙을 휴경지로 활용했지만 한계에 부딪혔다. 불을 더 내려면 저수지처럼 더 넓고 깊은 휴경지가 필요했다.

   한편, 농업이 퍼지고 원주민의 풍습과 섞이면서 인간은 땅을 활용해 생활력을 키웠다. 불도 그랬다. 불은 몇 군데를 제외하고 여기저기를 태웠다. 농업력에 맞춰 주기와 지역을 달리했다. 인위적인 불은 정밀한 도구라기보다는 옥수수나 젖소에 가까워서 돌봄이 필요했다. 양초나 난로 같은 기구가 아니라 타들어 가는 경관처럼 길들일 수 있는 대상이었다.

인류에게 불길이 닿았듯, 불에도 인류의 손길이 닿았다.

화염 기술

화염 기술이라고 하면 자연 속 화염만 이르는 것이 아니었다. 상호작용의 달인인 불은 경관 속에서 자신을 다양한 모습으로 일으키는 여러 도구와 행위를 만들어냈다. 간접적으로 힘을 더해주는 증폭기였다. 불의 힘을 직접 투영한 화염과 그로부터 탄생한 화염 기술까지 모두 강력했다. 인류는 발화를 통해 남극은 물론이고 저 멀리 달과 화성처럼 생명이 없는 곳에도 도달했다.

불을 기반으로 하는 기술은 불과 마찬가지로 물리학적이면서도 생물학적인 묘한 이중성을 가지고 있었다. 장치는 대개 물리적이다. 열과 빛을 분리하기 위해 시행착오를 거쳐 만든 결과물로써 자연적인 불에 그다지 의존하지 않는다. 요리를 따른 게 분명했다. 음식을 만들어내던 화로가 가마나 용광로로 발전했고 화염은 불쏘시개, 양초, 토치 형태가 됐다. 연료는 밀랍, 증류주, 숯으로 정제될 수 있었다. 연소 장치를 제작하니 공기, 즉 산소를 들여보내고 연기를 내보낼 수 있었다. 이때 풀무로 공기를 더 불어 넣을 수도 있었다. 금속

도구 제작이나 채굴에 집중하면서 단조와 용광로에 넣던 땔감이 더 필요했을 것이다.

불은 작살을 단단하게 만들고 부싯돌 제작에 힘을 보탰다. 사냥감을 우두커니 서게 하거나 유인해 야간 사냥과 낚시에도 유용했다. 광석을 금속으로 제련한 다음, 검과 쟁기날을 만들 수도 있었다. 도끼, 삽, 괭이를 벼려내어 나무를 베고, 이탄을 파낸 후 습지에서 물을 빼고, 잡초를 뽑아 화전 주기를 연장하는 데도 제 역할을 다했다. 금속 화살과 창으로 사냥 효율을 높여 일종의 요리인 경관 화입을 일으킬 미세 연료에도 영향을 끼쳤다.

불을 이용한 행위 중 지상과는 거리가 먼 두 가지를 살펴보자. 채굴은 불을 이용해 갱도를 비추고 암석을 깨 광석을 캐내는 활동으로, 도구를 제작할 때 쓸 금속의 원천이었다. 낚시할 때도 불이 빠지지 않았다. 어부는 고깃배에 불을 싣고 연안으로 가 작살을 던질 수 있는 반경 내로 물고기를 유인해 잡은 후 불에 익히거나 훈연해 보관했다. 인간은 두 화염 기술 덕분에 자연 여러 곳에 접근할 수 있었고, 삶을 영위할 수 있게 되면서 점점 더 힘을 거머쥐었다.

이중성을 가진 불은 좋든 나쁘든 분신의 모든 속성을 내보였다. 인간들처럼 예술을 이뤄내고, 들판을 들쑤시며, 도시를 파괴했다. 화염 기술이라고 해서 모두 건설적이고 긍정적인 것은 아니었다. 방화는 불로 공들여 이뤄낸 것을 파괴할 수 있었다. '불과 검'은 전쟁의 줄임말이었다. '화력'은 군사력을 나타냈다. 사람들은 불을 통제해 원하는 것이라면 무엇이든 이룰 수 있었지만 만족할 줄 몰랐다.

로마의 박물학자이자 백과사전 집필자였던 대(大) 플리니우스Pliny the Elder는 '거의 모든 작업에 불이 필수라는 사실에 놀라지 않을 수 없다'라는 말을 남겼다. 불은 다른 도구와 재료를 만들어냈고, 연금술과 그 후임인 화학의 기술 기반이었다. 이 모든 것이 인간이라는 존재에 힘을 불어넣었다. 로마의 건축가 비트루비우스Vitruvius는 다양한 목적에 맞춰 불을 바꾸는 능력의 유무로 야만인과 문명인을 구별했다.(익힌 것과 날것이라는 개념은 문화의 지표로서 프랑스 인류학자 클로드 레비-스트로스Claude Lévi-Strauss와 함께 20세기까지 지속됐다.)[12]

불은 독특한 기술을 낳는다. 우리는 불의 이런저런 특성을 격리하거나 증폭하는 기계적 도구를 자주 접할 수 있다. 촛불은 빛을 발하고 횃불, 용광로는 열을 낸다. 저마다 하나의 효과를 촉진하는 단일 속성을 보인다. 또한 마음대로 껐다 켤 수 있다. 생명공학으로서 경관을 이용하는 수단이기도 하다. 자신의 힘을 주변 환경 특성에서 끌어내 얽히고설킨 생태계를 향해 복잡한 영향력을 퍼뜨린다. 세쿼이아, 블루베리, 엘크 서식지는 물론이고 다양한 종과 지역이 모자이크처럼 짜 맞춰진 경관까지 되살릴 수 있다. 물리적인 화염 기술은 망치와 지레를 모방한다. 반면, 생물학적 화염 기술은 양치기 개, 화전 대상지에 가깝고 야생으로 눈을 돌리면 춤추도록 훈련받은 회색곰을 닮았다. 즉, 정밀 도구가 아니라 광범위한 스펙트럼을 자랑하는 생태 과정인 것이다. 불이 속한 환경을 단순하게 만들어 통제를 극대화하고 영향이 미칠 범위를 최소화하는 물리적 화염 기술과 달리, 불의 영향력을 광범위하게 퍼뜨리고 복잡한 생태적 맥락에서 힘을 끌어낸다.

   그러나 두 기술 모두 한계를 보였다. 물리학적 화염 기술은 연료 유무에 따라 제약을 받았다. 당시 연료원이던 자연 경관의 제약을 받은 것이다. 생물학적 화염 기술은 자연 경관의 특성에 따라 벽에 부딪혔다. 때마침 물리학적 화염 기술이 실용적인 목적에 무한히 쓸 수 있는 화석연료라는 신세계를 발견했다.

영향을 주고받는 기후

불은 생물권만큼이나 대기와도 많이 상호작용한다. 공기 조성과 지구 기후에 영향을 미친다. 이때 산소와 탄소만 오가는 것이 아니라 특히 온실 효과를 촉진하는 기체가 전 세계적으로 순환한다. 급격한 온난화는 최후의 대빙하기를 끝장내 얼음을 없애고 경관에 불이 붙을 수 있는 기후를 유지했다. 새로 등장한 경관에는 호모 사피엔스만이 진입할 수 있었다.

전 세계 거의 모든 지역에서 인위적인 불은 불 없이 진화한 생물군계에 뜬금없이 등장한 것이 아니라 이미 불과 생물이 어우러진 환경에 합류한 일원이었다. 호모 사피엔스가 피워올린 불은 아프리카는 물론이고 무거운 얼음에서 벗어난 유라시아에서 생물상이 분화되고 뒤섞일 때 같이 진화하지는 않았지만 곁에 있었다. 5만 년 전, 호주에 불쏘시개가 가 닿았다. 수목이 펼쳐진 아메리카 대륙은 인류의 불이 타오른 최후의 대륙이었지만, 2만 6500년 전에 멕시코 사카테카스Zacatecas에 불쏘시개가 사용된 흔적이 남아 있다. 1만 8500년에서 1만 4500년 전에는 티에라 델 푸에고Tierra del Fuego에 화로가 있었다. 북아메리카에 얼음이 사라지자, 해안가를 따라 사람들이 진입했다.[13]

원주민의 불은 기후에 대적할 수 없었지만, 기후와 함께 작용해 더 넓게 퍼질 수 있었다. 습한 지역에서는 넓게 퍼진 불

오클라호마주 톨그래스 국립보호구Tallgrass Prairie Preserve의 암석 경관과 자연 경관
(위) 최근에 탄 곳이 군데군데 있는 초원에서 불길이 지나간 곳에 난 새싹을 뜯는 물소.
(아래) 사진 속 유정 펌프잭 등을 통해 일어나는 세 번째 불은 일상적으로 타오르는 불과 자유롭게 풀 뜯는 물소가 자연 경관을 형성하는 보호구역까지도 장악한다. (출처: 저자 본인 제공.)

길에 초원과 사바나가 유지됐고 지역 발열량이 늘었으며 벼락이 일으키는 화재가 일반적인 양상으로 자리를 잡아 지난 간빙기에 울창하게 되살아난 숲에 탄소가 들어찰 일이 없었다. 불은 삼림화를 저지하는 1차 기제로 활약하는 지역에서 상당한 영향력을 행사했다. 북아메리카의 톨그래스대초원, 아프리카의 사워벨드Sourveld, 남아메리카의 세라도Cerrado와 야노스Llanos, 아시아의 습윤한 스텝처럼 습한 초원에서 효과를 발휘했다. 이런 지역은 온난 기후에 차츰 확장돼 한랭 기후에도 유지될 수 있었다. 오늘날, 초원 정의 방식에 따라 육상 생물상 중 20~40퍼센트가량이 초원에 서식한다. 그중 절반은 화입 또는 화입과 방목을 병행하는 초원에서 삶을 영위하고 있을 것이다.[14]

농부의 불은 생물군계, 즉 저장된 탄소에까지 인류의 영향력을 확장했다. 숲이 개간되자 탄소를 덜 비축하는 풀, 관목, 어린나무 등이 그 자리를 대신했다. 축축한 논으로 바뀐 지역에서는 이산화탄소보다 14~20배 더 강력한 온실가스인 메탄이 대기 중으로 뿜어져 나왔다. 사냥의 확장판인 방목에서도 가축의 소화 부산물로 메탄이 생겼다. 1961년, 육상 생물상 중 36퍼센트가 농경지에 있다고 추정됐다. 1990년에는 인구가 증가하고 아마존 삼림지대가 목초지로, 인도네시아 이탄지대가 플랜테이션으로 전환되면서 그 수치가 39퍼센트로 껑충 뛰었다. 이후 농장과 목초지를 확장해야 한다는 지속적인 압박 속에서도 집약 농업이 성행하며 북아메리카와 유럽에서 방치된 땅이 늘어나고 아시아가 빠르게 산업화를 거치자 38퍼센트로 떨어졌다. 산업화 초기에는 늘어난 인구에 맞춰 생산도 늘어나지만, 성숙기에는 경작 한계지에서 경작을 줄여 도시를 확장하고 재조림해 자연보호구역을 설정하기 때문이다.[15]

앞서 소개한 수치를 잠시 짚어보자. 수치에 따르면, 원주민이 계획해서 불을 피워도 상당량의 탄소가 숲에 저장되지 않았으며 급기야 농업 체제에서는 저장된 탄소조차 방출돼 새로운 온실가스로서 퍼져나갔다는 사실을 알 수 있다. 이 모든 것을 기후 측면에서 살펴봐야 한다. 대기는 연소 이후 더 많은 연소를 일으키는 조력자가 됐다. 주기에 맞춰 간빙기를 끝냈어야 할 냉각이 멎었다. 간빙기-빙하기 주기가 길어지다 일부 지역에서는 뒤바뀌기까지 했다. 그러다 약 6000년 전에야 전 세계 기후가 안정됐다.[16]

이때 기후는 매년 철마다 작은 변동에 따라 풍작과 흉작을 겪을 수 있어 자급자족하는 인구가 느끼기에 살얼음판을 걷는 듯 불안했지만, 거대한 규모로 변하던 예전 기후에 비교하면 이례적으로 일관성 있게 보였다. 중세온난기(950~1300년)와 소빙기(1550~1850년) 등 따뜻하고 추운 시기가 번갈아 찾아오기는 했다. 영토를 되찾으려던 얼음 탓에 흉작, 혼란, 해상 교통 문제가 발생했고 냉각 주기에 따라 일상이 재편됐다. 그러나 넓게 보면 분명 예전과 다른 특이한 정체성이 있다. 현재 간빙기가 후반부 들어 '길고 긴 여름'에 접어든 듯하다.[17]

기존에는 인간 사회가 기후 변화에 적응한다고 생각했다. 따뜻할 때는 정착이 쉬워 경작지가 늘었고, 추울 때는 정착이 어려워 경작지가 줄었다. 소빙기가 찾아오자 인류는 전 세계적으로 긴축에 돌입해야 했다. 그러나 기후는 사람과 분명 상호작용한다. 경작지 확장에 개간, 경작, 가축 증가까지 포함하면 탄소를 품은 온실가스가 대기로 유입된다고 볼 수 있다. 인구나 정착지가 줄면 탄소는 다시 격리된다. 탄소의 이런 움직임을 확대해 적용하면 기후에 영향을 줄 수 있다. 인간은 여러 활동을 하며 이미 정해져 있는 밀란코비치 주기를 느리게도 빠르게도 바꿀 수 있다. 유라시아에 전염병이 돌아 인구 구조가 처참히 무너지고 16세기에 발을 내디딘 유럽인과 함께 연이어 덮친 질병에 아메리카 대륙 인구 90퍼센트가량이 사망에 이르자 소빙기가 찾아왔다. 방치된 땅은 숲으로 성장했다. 이후 아메리카, 시베리아, 호주 등 새로운 지역으로 정착지가 밀려들고 화석연료라는 새로운 연소원이 널리 사용되자 차디찬 시절이 끝났다.[18]

이런 역사적 우연으로 상관관계를 파악할 수 있지만, 아직 인과성을 인정받지는 못했다. 그러나 빙하 코어Ice core에 남은 이산화탄소와 메탄의 흔적만큼은 실존한다. 이전 간빙기의 특징이 드러나는 패턴에서 기후 편차와 일치하는 온실가스의 변화를 알 수 있다. 온실가스의 변화는 아직 파악되지 않은 자연적 원인에 기인하거나 밀물과 썰물과도 같았던 인류 변동 이후에 발생한다. 이 추정에 따르면, 지금 찾아온 긴 여름조차 인류 역사의 결과였다. 인간이 온갖 수를 써도 밀란코비치 주기를 압도하진 못했지만, 주기를 확인하고 슬슬 자극해 지금껏 불안정하던 기후에 안정성을 부여할 수는 있었다. 가장 설득력 있는 결론은, 불이 기후에 딸린 부수 현상에 그치지 않고 인류의 손끝에서 기후 변화를 진두지휘하는 선동가였다는 것이다. 그러나 사람들이 다루고 태우는 모든 것이 자연 경관과 인위적인 불의 영향 반경 안에 있다는 한계가 있었다. 사람들은 두 번째 불을 피워 어느 정도 한계를 밀고 당기기는 했지만 넘어설 수는 없었다.

결국 소빙기는 주춤하다 지나갔다. 그러자 불과 인류의 상관관계가 또다시 등장했다. 이번에는 한때 살아 숨 쉬었지만 석탄, 가스, 석유로 화석화된 암석 경관이 개입한다. 사실상, 인류는 오랜 세월 드러나지 않았던 또 다른 신세계를 발견한 셈이었다. 오래전 잠든 화석을 발굴해 당대에 태우고 폐기물은 미래에 맡겼다. 이 새로운 불은 경관에서 자유롭게 타지 않고 연소 요소를 각각 분리하고 증폭하는 데다가, 연소 장소에서 멀리 떨어진 기계나 현장에 에너지를 전달할 수 있는 특별 연소실에서 타올랐다.

　항상 불을 가두던 오래된 생태학적 경계가 사라졌다. 새롭게 등장한 세 번째 불은 자신의 연료처럼 무한했다. 게다가, 자연적인 기후 양상을 조금씩 바꾸는 것이 아니라 한번에 뒤엎을 정도로 거대했다. 연기는 하늘을 가득 메웠다가 비에 녹아 해양에 녹아들었고, 화염은 보이든 안 보이든 지구를 채우고 있다.

4장
세 번째 불:
산업혁명 이후의 불

암석 경관

제임스 보즈웰James Boswell은 뛰어난 일기 작가이자 영국의 문학가 새뮤얼 존슨Samuel Johnson의 전기 작가로 유명하지만, 예나 지금이나 불의 역사에서는 주목받은 적 없는 인물이다. 그러나 1776년에 불의 역사와 마주치고 영국의 위대한 신고전주의 문학가였던 존슨뿐만 아니라 당대에 불의 역사가 향하는 궤적이 바뀐 방식까지 기록하게 됐다.

3월 말, 존슨과 함께 버밍엄으로 여행을 떠난 보즈웰은, 마을에서 약 3킬로미터 떨어진 소호 매뉴팩토리Soho Manufactory까지 가서 제임스 와트James Watt의 동업자이자 볼턴앤드와트Boulton & Watt 증기기관 제작자인 매튜 볼턴Matthew Boulton을 만났다. 보즈웰은 '증기기관의 크기와 재간이 담대한 존슨의 마음에 쏙 들었을 것'이라며 혼자 방문한 것을 아쉬워했다. 왕립학회와 루나 소사이어티[the Lunar Society] 회원이자 산업 혁명을 연 인물 중 하나인 볼턴은 다음과 같이 말함으로써 자신의 사업을 직설적으로 소개했다. "선생님, 여기서 저는 온 세상이 손에 넣고 싶어 하는 것을 팔고 있습니다. 바로 동력이지요."[1]

4월 2일, 보즈웰은 또다시 존슨 없이 왕립학회장인 존 프링글[John Pringle] 경, 두 번째 세계 일주를 마치고 돌아온 선장 제임스 쿡[James Cook]과 만찬을 함께했다. '쿡과 시간을 보내며 호기심과 모험을 향한 열정을 느끼고 그의 다음 항해에 함께하고 싶다는 열망'이 생겼다. 그런 보즈웰에게 존슨은 항해에서 많이 배울 수 있을지 의문을 표했다. 로보 신부[Father Lobo]의 《아비시니아 여행기[Voyage to Abyssinia]》를 번역하고 《라셀라스[The History of Rasselas, Prince of Abyssinia]》라는 교훈 소설을 집필하며 이미 같은 주장을 전개한 뒤였다. 그러나 시대는 보즈웰의 편이었고, 그 덕에 유럽 국가는 순풍을 타고 또다시 식민지를 개척하는 대탐험 시대를 열었다. 3개월 후, 미국 땅에서 영국의 지배를 받다 독립을 선언한 유럽 정착민 역시 장차 인접 지역을 집어삼키며 제국주의 노선에 합류할 터였다.[2]

증기기관은 장작으로 움직일 수 있었지만 금세 비축량을 다 쓰고 석탄에 기댔다. 처음에 와트가 발명한 기관은 (이전 뉴커먼 기관처럼) 탄광에서 배수 목적으로 사용됐다. 그러나 더 많은 연료를 캐내는 데 활약하면서 마치 자급자족하며 진화하듯 그 연료로 한층 더 센 증기력을 생산했다. 증기기관이 불을 해체하던 이 시기에 왕립학회의 전폭적인 지지를 받던 계몽주의는 불을 하나의 현상으로 보지 않고 물리적, 화학적, 기계적으로 구분했다. 불은 기관 속으로 사라지면서 지식 사회에서도 자취를 감췄다. 보편적인 원리이자 시험하고 설명하는 초월적인 수단이던 과거를 뒤로하고 에너지라는 개념에 포함된 것이다. 친척 집을 전전하며 보살핌과 문전박대를 경험하는 아이처럼, 불은 기거할 학문이 없는 주제로 전락했다.

한편, 뉴캐슬에서 석탄을 수송하면서 항해 인생을 시작한 제임스 쿡은 석탄 운반선 HMS 인데버HMS Endeavour호를 타고 최초로 세계 일주에 성공했다. 그 전설적인 항해 도중 호주 동부를 발견하고 뉴질랜드를 일주했다. 두 지역 모두 영국의 식민지가 될 운명이었다. 목선과 돛으로도 사람들을 내보내 파도를 헤치고 땅을 점령할 수 있었지만, 새로운 시대가 도래하면서 증기와 철에 기대어 해양과 대륙을 모두 가로

지를 수 있었다. 그 결과, 산업 혁명이 두 번째 대탐험 시대를 매개로 전 세계에 퍼졌다.

볼턴이 서론 없이 바로 말했듯 산업 혁명의 주인공은 동력이었다. 이때, 인류가 거머쥔 불의 힘이 생물학적 맥락에서 벗어나 자유의 몸이 됐고, 다른 모든 불처럼 세상을 다시 만들기 시작하며 몸집을 불렸다.

고대에는 불을 4원소 중 하나로 여겼다. 그리스 신화에서 프로메테우스Prometheus는 신들의 세계에 있던 불을 훔쳐다 인간에게 전했다는 이유로 코카서스산 정상에 결박당했다. 그가 선물한 불 역시 더 큰 생태학적 과정에 얽매였다. 1818년에 메리 셸리Mary Shelley가 기존 생물학적 질서를 깬 과학자의 이야기 《프랑켄슈타인Frankenstein; or The Modern Prometheus》을 썼고, 2년 후 그녀의 남편인 퍼시 셸리Percy Shelley는 프로메테우스의 해방을 기리는 서정시극 〈해방된 프로메테우스Prometheus Unbound〉를 펴냈다.

그리고 새로운 불 역시 고대부터 이어진 오랜 속박에서 벗어나 투명인간처럼 눈에 띄지 않고 여기저기 다니며, 손에 닿는 것이라면 무엇이든 변형시켰다. 이번 시대는 최초의 증기선, 증기기관차와 함께 시작됐다가 결박에서 풀려난 프로메테우스처럼, 산업 연소를 통해 지구를 재편하는 사람들의 출현과 함께 끝이 났다.

연소 변이: 연소의 새로운 질서

연소 변이라고 하는 변화는 석탄, 석유, 가스로 대표되는 화석 생물량이 화로, 단조, 용광로 등 불을 이용하는 다양한 기구에서 나무, 이탄과 같이 살아 있는 생물량을 선택적으로 대체하면서 시작됐다. 수천 년 동안 사람들은 연료를 정제하고 해당 연료를 태울 적절한 장치를 찾을 방법을 고안했다. 불붙이개로 나무를, 양초로는 밀랍을, 램프로는 고래 지방에서 추출한 등유를 태웠다. 화로에는 기류를 제어하는 연통이, 단조에는 공기를 주입하는 풀무가 있었다.

두 경우, 나무를 석탄으로 대체하기는 쉬운 편이었다. 마을 전체가 화로를 사용하고 대장간이나 제련소가 많다면 삽시간에 경관에서 나무를 없앨 수 있었다. 나무에 의존하던 사람들은 점점 더 오랜 시간을 들여 연료를 찾거나 다른 곳으로 이동해야 했다.

화석연료는 이 역학을 바꿨다. 불쏘시개로 피어오른 이래 인위적인 불이 겪은 가장 급진적인 개혁이었다. 적절한 연소실이 필요하던 차에 마침 18세기 들어 최초의 연소실인 증기기관이 등장했고 개조를 거친 후 널리 퍼졌다. 인간의 독창

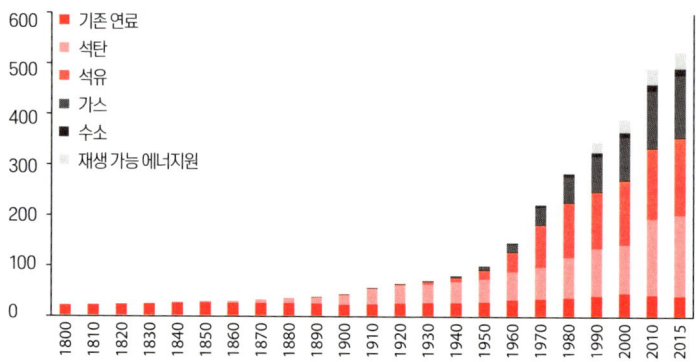

1800~2015년 세계 주요 에너지 소비량

단위는 엑서줄Exajoule이다(1EJ =1018J). 수소와 지속 가능 에너지원을 제외하고 여기 실린 모든 에너지원은 연소에 의존한다(93퍼센트).
출처: 바츨라프 스밀Vaclav Smil, 《에너지 전환Energy Transitions》 2판(Santa Barbara, CA: Praeger, 2017).

성과 프로메테우스같이 반항기 어린 야심을 바탕으로 새로운 불이 번져나갔다. 새로운 불은 전 세계 불의 역사에서 큰 반향을 일으켰다.

   석탄은 나무보다 열량이 더 높다. 무연탄은 마른 나무보다 열량이 두 배 이상 높다. 천연가스는 석탄보다 열량이 50퍼센트 이상 더 높다. 화석연료는 풍부하다. 지구와 오랫동안 알고 지내던 육상 생물의 바이오매스가 층서 기록을 레이스 짜듯 쌓아둔 덕분이다. 부피가 큰 탓에 고르게 분포되지 않은 광석은 광상 근처에서나 처음으로 양껏 사용할 수 있었다. 불의 힘으로 움직이는 기관이 새로이 등장하자 기관이 더 늘어나 광석을 이용하기 쉬워졌지만, 동시에 연료가 더 필요했다. 이때 추가로 화석 바이오매스 공급원이 발견됐다. 과거 지질 시대에서 발견한 새로운 세계로서 손끝 하나 닿은 적 없는 거대한 휴경지였다. 기계와 연료의 비례 관계가 걷잡을 수 없이 커졌고, 그와 함께 인류가 거머쥔 불의 힘도 거세졌다.

연료가 무한하다면 연소 역시 무한하다. 원래 자연 경관에는 생태학적 경계와 내부 견제 그리고 균형이 있었다. 생물 연료를 이용한 연소는 날씨, 계절, 분해자, 녹화와 양생 등 계절적 주기에 따라 가연물의 이용 가능성을 따졌다. 불은 탄소 덩어리인 연료 속에서도 생태계에 있을 때와 같은 보존 성향을 보였다. 화염이 뭔가를 내보내면, 새로운 생물상이 붙잡았다. 사람들은 그런 환경을 살짝 바꿨다. 바람으로 불을 유도하고 연기를 퍼트리거나 연소에 저항해야 할 지역을 베어내고 말리는 등의 방식이었다. 그러나 인간은 연료의 성장을 보장하고 환경을 유지할 수 있는 선에서 자연 경관을 어르고 달랠 뿐이었다.

암석 경관은 그런 한계 따위를 몰랐다. 성장 없이 채굴을 겪었다. 겨울이나 여름이나 가뭄과 홍수 속에서도 밤낮으로 타들어 갈 수 있었다. 돌이 많은 사막, 울창한 우림에서도 문제없었다. 암석 경관에서 타오르는 불은 단순히 탄소를 재사용한 게 아니라 머나먼 지질 시대로부터 옮겨놨다. 인간이 캐내어 수송하는 연료량이 적어 한계에 부딪혔지만, 기관이 분화하고 널리 퍼지면서 연소에 필요한 연료량 역시 늘어났다.

　불에 관한 오래된 과제는 언제나 가연성 물질을 넉넉히 확보하기 위해 새로운 공급원을 찾는 것이었다. 그러나 연소 폐기물(과 연쇄반응)을 해결할 장소인 처리원을 탐색해야 하는 추가 과제가 등장했다. 암석 경관에서 등장한 새로운 연소는 2세기 만에 대기를 메우고 해양으로 스며들었으며 땅 위에서 다시 시작할 채비를 했다. 대기가 온난해져 기존 기후를 흐트러뜨렸다. 해양은 산성화됐고 빙상이 녹은 탓에 불어났다. 땅에서는 새로운 수목이 울창하게 자라 자연 경관에 연료를 더했다. 그러자 고대부터 전해온 연소 조건이 무너졌다. 세상은 부산물을 모두 처리하고도 남을 발전 용량을 자랑하는 발전소이자 끊임없이 연소를 일으키는 공장식 농장 같았다.

　새로운 연소 체제는 불과 사람 사이의 관계까지 바꿔 놓았다. 사람들은 불을 직접 갖다 대는 대신 화석 바이오매스로 움직이는 제품이나 기계를 매개로 불의 영향력을 간접 체험했다. 타닥타닥 타들어 가는 소리와 함께 화염을 일으키고 빛과 열을 내뿜는 불은 화학적으로나 물리적으로나 가장 기본 단위로 환원, 분리된 채 조작을 거쳐 자신을 구성하는 요소에 불과한 '연소'로 바뀌었다. 암석 경관과 자연 경관이 뒤엉켰다. 미국의 사회학자 하워드 오덤Howard Odum에 따르면, "산업 사회에서 사람들은 태양 에너지를 받고 자란 감자 대신 석유가 부분적으로 성장에 개입한 감자를 먹었다." 숲을 태워 마련한 초원에서 자란 풀을 먹인 소를 몰아 밭을 가는 대신, 경유로 움직이는 트랙터만 있으면 됐다. 불에서 피어오르는 연기로 훈증하고 불에 탄 재를 비료로 이용하는 대신, 매장된 화석 바이오매스에서 시작해 화석연료를 태우는 기계를 거쳐 제조된 제초제, 살충제, 합성 비료를 이용할 수 있었다. 물질계는 매장된 화석 바이오매스에서 파생된 플라스틱과 에너지로 가득 찼다. 인간이 쌓아 올린 구축 환경Built environment에도 같은 일이 일어났다. 사람들은 촛불과 난로 대신, 멀리 석탄 화력 발전소에서 생산한 전기를 받아 전구를 켜서 빛을 얻을 수 있었다.[3]

　새로운 질서가 사람들을 불에서 멀찍이 떨어뜨렸다. 사람들은 더는 불을 직접 들지도, 주변에서 목격하지도 않았다. 불이 막연하게 느껴졌다. 자신만이 조작할 수 있는 대상이라는 인식도 옅어졌다. 불이라는 존재는 재난을 일으키거나 격리돼 타오르는 경우를 제외하면 늑대와 회색곰처럼 저만치 멀어졌다. 연구 주제로 오르내리지도 않았다. 당대 최고의 과학적이고도 기술적인 방식으로 환원된 새로운 기기 정도로 취급받았다. 그 대신 불은, 마치 다양한 기계로 분산돼 들어간 것처럼 여러 학문으로 분산됐다. 연소는 산화 화학으로, 열은 기계공학으로, 빛은 전자기학으로 편입됐다. 특이하게도 불은 자신을 자연 현상으로도 현상학적 개념으로도 분해했던 것이다.

인류의 화력은 역설적이게도 자연 속에서 저절로 타오르는 불이 희생한 덕에 증가했다. 새로운 질서는 대체 기술과 진압을 통해 두 팔 걷고 자연 속 불을 없애려 들었다. 대체 기술은 화석연료와 전기로 움직였고, 사람들은 불을 이용하던 과거를 뒤로하고 화석연료를 연소해 얻은 기계적 힘으로 불을 진압했다. 펌프, 전기톱, 엔진을 이용하고 비행기, 헬리콥터, 트럭으로 대원들을 투입하면서 불도저로 방화선을 치고 땅을 밀고 다져 길을 내지 않는 이상, 전원 지역과 야생에서 불을 원천 봉쇄하기란 불가능하다.

그러나 이조차 도시에서만 가능한 전략이다. 과거, 소방관들은 선제적 화입Preemptive burn과 긴급 전소Emergency burnout

를 일으켜 경관 전역에 불을 퍼뜨렸다. 화재 진압 장비의 등장과 함께 이런 화재가 줄어 불을 보기 어려워지자 생태계에 연소가 부족해지고 자연 경관에는 연료가 남아돌았다. 머지않아 연소 기관이 남는 연료를 감당할 수 없을 터였다. 긴급 전소와 처방 화입조차 경유와 가스를 채우는 토치, 비행기에서 떨어뜨리는 소이탄Incendiary, 불도저와 그레이더로 밀거나 소방차로 구축한 방화선, 휘발유를 넣은 차를 타고 출동하는 인력에 의존했다.

  자연에서 태어난 첫 번째 불이 인류가 개입한 두 번째 불에 자리를 내줬듯 두 번째 불 역시 세 번째 불이 등장하자 물러났고, 이로써 제2의 자연은 제3의 자연으로 넘어갔다. 두 번째 불은 사람의 지휘를 더한 자연적인 불이었다. 인류세에 동력을 공급했으며 사람들이 떠나도 종종 계속 타올랐다. 세 번째 불은 순전히 인간의 힘으로 탄생했고 돌보지 않으면 소멸했지만, 지구를 달궈 변화에 박차를 가했다. 알고 보면 에너지원이 다른 모든 것을 압도하는 이 시대를 인류세 대신 화염세라고 명명하는 편이 올바를 것이다.

연소 변이: 개념

이처럼 현저히 달라진 인류와 불 사이의 관계에도 응당 이름을 붙여야 한다. '원주민의 불', '농부의 불'과 다를 바 없이 '산업 연소 Industrial combustion'라고 하자니 심심하다. 그러나 산업화 과정을 연구하다 보니 새로운 불이 붙은 상변화 시점으로 선정할만한 것이 보였다. 산업화와 함께 시작된 일반적인 변화 가운데 인구는 '인구 변천 Demographic transition'을 몸소 겪었다. 아마 불이라는 '개체' 역시 비슷한 일을 겪을 것이다. 따라서 앞으로 불이 어떤 모습으로 우리 앞에 나타날지 가늠해볼 수 있다.

인구통계학은 출생률과 사망률이라는 별개의 경향을 합친다. 산업화 초기에는 출생률이 증가하고 사망률이 감소한다. 이후 인구 대체율 미만까지 출생률이 감소한다. 수십 년 정도는 노인층이 장수해 전체 인구가 변함없이 유지되지만, 결국 더 적은 청년층이 누적 수치를 끌어내린다. 이처럼 산업화에 막 접어든 국가에서는 인구가 폭발적으로 증가하고, 성숙기에 이른 국가에서는 감소한다. 경관 화재에도 비슷한 일이 일어났을 것이다.

불이 새롭게 군락을 형성하면 그 여파는 예상대로 주변 화재 경관의 특질에 따라 다양한 모습으로 나타난다. 습한 삼림지대에서는 연소가 폭발적으로 일어난다. 화석연료를 넣은 차량을 움직여 세계 시장과 연결되는 길을 열고, 숲으로 들어가 도끼질을 하고서 놓은 불이 때때로 맹렬하고 폭발적인 기세로 타오르기 때문이다. 오랜 관행이 계속되는 가운데 새로운 연료가 등장해 발화까지 가능해지면 불은 거세진다. 이후 수십 년간 대체와 진압을 겪으며 대체율, 즉 불길을 일으키기 위한 생태학적 기준 미만으로 사그라진다. 초원과 건조지역에서는 정반대의 일이 벌어진다. 불길이 잦아든다. 기존 가연성 물질을 상품 작물로 대체하거나 소와 양에 먹여 과방목을 하거나, 아니면 둘을 병행하기 때문이다. 효과는 즉각적이다. 불이 땅에서 자취를 감추고, 무섭게 번지는 외래종이나 수목이 토착 수풀의 자리를 차지할 때나 돌아올 것이다. 또다시, 필요한 개체가 생태학적 대체율 미만으로 줄어든다. 인구 변천 이론을 적용하면 불이 겪는 변화를 이 정도까지 예측할 수 있다.

그러나 어찌 보면 그 유사성은 구멍이 숭숭 뚫린 스펀지 같다. 빈틈이 많다는 말이다. 정확히 무엇을 측정해야 할까? 불이라는 개체가 올바른 측정 기준일까? 아니면 타들어 간 영역일까? 그도 아니면 연소 중에 처리된 탄소? 게다가 불의 군락에서 줄어드는 것이 사망률이 아니라 출생률이라는 점에서 유사성은 더더욱 흔들린다. 온갖 종류의 불 중에서도 기존 두 번째 불이 약세로 접어들어 여러 생물상 사이에 불기근 현상이 퍼지지만, 새로운 세 번째 불이 기하급수적으로 번진다. 연소가 지구의 수용 범위 이상으로 발생한다. 이 상황에서 인구의 구성 단위인 가족 규모를 제한하는 지역적, 개인적 결정에 빗댈 만한 내부 점검과 자체 수정은 없다.

연소 변이는 사람들이 기존 연소 방식을 제쳐둔 채 대안을 찾고, 불이라는 불은 모두 진압할 때 국지적으로 자신을 내보인다. 그리고 곧 빛과 어둠을 드리우는 명암경계선처럼 지구 전역을 누빈다. 처음에는 영향을 고르게 미치지 않고 사회, 국가, 지역 단위로 나타난다. 그러다 시간이 지나면서 교역로, 사상과 관습, 대기에 영향을 끼치며 전 세계에 퍼진다. 기존에 연소 변이를 모르던 지역에서도 상업 활동, 식민지 개척, 응용과학을 통해 그 영향력을 경험할 수 있다. 기후 변화 역시 같은 결과를 가져올 수 있다. 불이 불을 부르는 식으로 변화하고 있기 때문이다. 따라서 이 과정을 집중 연구할 필요가 있다. 급속한 산업화를 경험하고 있는 중국과 인도에서는 최신 경향을 파악할 수 있고, 인구 밀도가 적은 지역인 인도네시아(보르네오)와 브라질(아마존)에서는 지역 고유의 변화를 알 수 있다.

명시적인 모형보다는 자연 경관과 암석 경관이 불이라는 공통분모를 가진다는 인식이 더 중요해 보일 수 있다. 그러나 연소 변이는 인구 변천 이론처럼 전 세계적인 경향을 조명하고 똑같은 원인이라도 어떻게 다른 결과를 낼 수 있는지 보여준다. 지구에서 불에 벌어진 일을 제대로 파악하지 못하는 형편없는 추정이 아니다. 처음에는 일부 지역에서 세 번째 불이 두 번째 불과 경쟁한다. 화석연료 연소로 인해 생활 방식에 영향을 받는 곳에서만 두 번째 불에 도전하는 것이다. 석탄이나 석유 자원이 넘쳐나는 국가가 있겠지만, 해당 자원을 수출하거나 수출로 획득한 부를 엘리트 계층에만 배분한다. 자원의 저주다. 그러나 온실가스가 점차 전 세계에 맹위를 떨치며 기후를 재편하면, 연소 변이는 두 번째든 뭐든 불이 일상인 지역에서 아무리 멀어도 지역 가리지 않고 영향력을 행사한다. 중국, 인도, 독일, 펜실베이니아의 석탄 공장이 북극해 유빙, 아이슬란드의 빙하, 그린란드와 남극의 빙상을 녹일 수 있다. 호주, 아르헨티나, 시베리아의 연소 체제에 영향을 줄 수 있다.

멀고 먼 지질 시대 속 연료를 캐다가 당대에 태우고 앞으로 맞이할 먼 미래를 향해 폐기물을 뿜어내는 것. 이는 불이 그리는 새로운 서사이자 지구 역사상 중요한 표식 중 하나다. 불의 두 영역인 자연 경관과 암석 경관이 서로 영향을 주거니 받거니 하는 모습이 바로 연소 변이다. 이는 지금껏 좀처럼 체계적으로 연구되지 않았고, 불의 생태에서 중요한 주제로 오르내리지도 않았다. 오르내린다고 해도 불은 본질이 아닌 부수 현상으로 보일 뿐이다. 따라서 기후 변화와 같은 여러 충격적인 변화를 일으키는 원동력이자 발단으로 인정받기보다는 그런 변화에 관해 경각심을 고취하는 역할에 머무른다.

연소 변이: 행위

먼 옛날 이집트에서 밤중에 집집마다 큰 변화를 몰고 왔다는 성경 속 신의 사자처럼, 시간이 지나면서 연소 변이는 인간이 거주하거나 그저 손만 댄 모든 환경에 영향을 미친다. 대체 기술로 불을 대신하고 화염을 전기로 변형해 연소 특성은 물론이고 연소 특성과 인류의 관계까지 바꿔놓는다. 인류에게 광범위한 권한을 부여해 탄소, 질소, 황의 생물지리적 순환을 뒤엎고 모래, 폐기물 등 벌크 상품의 해양 수송 시대를 열었다. 사람들이 경관을 구성하는 방식에도 영향을 끼쳐, 불이라는 환경 속 기본 조건 중에서도 특히 연료에 변화를 일으킨다. 게다가 잠입에 장악까지 한 기후를 쥐고 흔들어 기후를 매개로 전 세계까지 뒤흔든다. 인류의 화력이 책상 위부터 전 세계까지 지구 전체를 다시 빚고 있다. 세 번째 불이 제3의 자연을 창조하고 있다.

그 결과, 타오르던 화염은 인간 주거지로부터 자취를 싹 감추었다. 집, 공장, 도시와 같은 구축 환경에서 불이 사라진다. 원주민 경관과 농업 경관에서도 마찬가지다. 주택가, 휴양지, 자연보호구역에서 멀리 떨어진 곳에서도 불이 보이지 않는다. 연소 변이는 기존 소규모 화입과 반대 모습을 보인다. 불이 계속 타오르는 대신 소멸해 점차 화염이 보이지 않는 어둠을 만들어나간다. 인류가 거머쥔 새로운 불이 교통과 기후를 재편하면, 작은 지역이 광활한 지역에 합쳐져 일부는 대륙 규모에 가까워진다. 위성 사진에서도 불이 난 자리가 존재감만큼이나 확연하다. 연소 변이는 텔레비전과 신문 1면마다 산불 소식이 이어지는 가운데 자연 경관 속 불이 잦아든다는 크나큰 역설을 설명한다.[4]

아니, 어쩌면 불은 제거됐을지 모른다. 구축 환경에서는 불을 적절히 대체할 수 있고 대개 그편을 선호한다. 화염은 의식 때나 볼 수 있다. 그러나 화재가 잘 일어나는 자연 경관에서는 화재 진압 시도조차 짐만 될 뿐 오히려 상황을 악화

시킬 수 있다. 인간은 새로운 도구를 만들고 먼 미래는 생각도 하지 않은 채 온갖 용도로 사용했다. 게다가 진보한 계몽사회에서 도구 말고 진지한 탐구 대상으로서 불이 설 자리가 없다 보니 경관에서 불을 지우는 것을 부엌에서 불을 끄는 것 정도로 생각하고 여파를 쉽게 무시했다. 그 결과, 온갖 기계의 역학 주위로 산업 연소가 낳은 새로운 생태가 등장했다.

제3의 자연 속 구축 경관

연소 변이는 그간 구축 경관에서 가장 완벽하게 작동했다. 집과 마을은 한때 주위 경관에서 얻을 수 있는 재료로 건설됐다. 벽돌, 점토, 돌을 사용하던 곳에서도 지붕만큼은 주위 경관에 있던 가벼운 가연성 물질로 제작하거나 나무로 받쳤다. 그런 마을은 주위 환경만큼이나 자주 불에 탔다.

  이제 도심은 어딜 봐도 철, 유리, 콘크리트, 벽돌 등 이미 어느 정도 화염을 경험한 불연성 물질뿐이다. 건물 내부에는 조명용 양초와 샹들리에, 난방용 난로, 조리용 스토브 등 실제 화염이 가득했지만, 이제는 사라졌거나 천연가스 또는 프로판 등 더 통제된 화석연료에 자리를 내줬다. 백열전구가 양초를, 전자레인지나 프로판 스토브가 아궁이 불을, 전기와 가스, 석유 퍼니스 또는 열펌프가 따스한 기운을 내뿜던 벽난로를 대체했다. 실내 가구는 가연성 시험을 거친다. 경보기에서 스프링클러, 펌프와 엔진, 기반 시설까지 화재 방지조차 전기와 가스에 의존한다. 늘 대화재에 피해를 보거나 물동이와 수동 펌프를 들고 줄지어 서서 화염에 맞서야만 했던 시절은 지났다.

 그러나 화석연료 문명은 모순적이게도 구축 환경으로 불이 돌아오는 데 힘을 보탰다. 구축 경관과 자연 경관이 꽤나 가깝게 붙어 있는 새로운 도시 형태에서는 불이 두 경관 사이를 넘나들 수 있었기 때문이다. 미국에서는 1992년에서 2015년 사이에 주택 100만 채가 산불 반경 내에 있었고, 도심 밖 주택 중 97퍼센트가 잠재적 산불 위험에 노출된 것으로 추정됐다. 교통을 통해 서비스 경제로 과거 전원 지역을 다시 개척하고, 도시 구조를 야생 자연에 가깝게 붙이며, 자연 경관이 암석 경관과 상호작용할 수 있는 환경을 만든 미국인들의 생활 방식이 낳은 결과였다. 내부 연소에 힘입어 정착지가 분산되고 휴경지가 줄었으며 전선을 따라 전기가 흘렀다. 모든 작용이 저마다 고유 반응을 일으켰지만, 새로 등장한 위기는 화석연료 문명을 구성하는 다양한 구조가 예

상치 못한 위험한 방식으로 조합된 결과였다.[5]

이런 문명에도 칭찬 거리는 많다. 실내에서 요리한답시고 불을 피워 연기까지 내는 것은 건강상 위험이 상주하는 꼴이었고, 따뜻하게 지내기 위해 피운 불이 도시 전체에 암울한 그늘을 드리울 수 있었다. 이제 도시가 대화재 때문에 소실되는 일은 없다. 지진, 전쟁 또는 폭동쯤은 일어나야 도시가 불타오르고 대응 능력을 잃는다. 불은 눈에 띄지 않아도 결국 세상을 허물어버리는 나비의 날갯짓처럼 쉼 없이 위협을 가하고 있지만, 실제로 보기란 꽤나 힘들다. 현대 소방서는 대체로 모든 위험에 대응하는 기관으로 진화했다. 그 위험 중 화재는 소수다. 세 번째 불이 타오르는 제3의 자연에는 화면 속에서 활활 타는 가짜 불 영상도 있다(크리스마스에 장작을 태우는 대신, '난롯불 영상'을 재생할 수 있다). 홈 엔터테인먼트가 난로를 대체하는 것이다.

그러나 지속되는 특징도 있다. 이제 불은 교통 차선이라는 새로운 선을 따라 타고 있다. 발전소, 쇼핑몰, 공장, 아파트 등 사람들이 모여 에너지를 필요로 하는 곳이라면 어디든 들판 삼아 타들어 간다. 불이 안 보이는 것은 다 의도된 결과다. 요즘은 건물을 지으면 가연성 시험을 거친 재료를 사용하고 내부에 화재경보기와 자동 스프링클러, 화재 대피로까지 마련

불을 바라보는 두 가지 시선
자연적인 불을 모두 통제하는 애리조나 바이오스피어Biosphere 2 뒤로 불을 피할 수 없고 필요로 하는 산타카탈리나산맥에서 2003년에 무섭게 타오른 아스펜 화재Aspen fire의 모습이 보인다. 중간 경관을 찾고 그 경관과 함께할 서사를 알아내는 일은 미래를 위한 주요 과제다. (출처: 프란치스코 메디나Francisco Medina 제공.)

하며 자체 전원으로 빛을 내는 표지판을 설치한 비상구를 확보한다. 이렇듯 불은 보이지 않아도 산업 도시를 형성한다.

제3의 자연 속 전원 경관

놀랍게도 비슷한 시나리오가 두 번째 불이 함께하는 제2의 자연에도 적용된다. 여기서 불은 기기 속에서 이런저런 특성을 뽐내는 기계적 도구일뿐더러 탁 트인 자연에서 별 통제 없이 경관과 상호작용한 결과이기도 하다. 그래서 주변 환경에 따라 특성이 결정된다. 수확 후 그루터기만 남은 사탕수수밭이나 밀밭, 나무 밑동만 남기고 싹 베어낸 화전 같은 휴경지처럼 절반만 길든 상태다. 완전히 통제할 수 있는 태엽 시계보다는 붙잡혀 길든 야생 코끼리나 말에 더 가깝다. 지역 특성에 따라 불을 통제하는 데 한계가 있으며, 불의 힘으로 움직이는 엔진의 정밀도를 높여도 일부만 통제할 수 있을 뿐이다.

농부와 목동은 불이 생태계에 가하는 충격을 기다린다. 화염이 지난 길을 따라 재편된 미기후Microclimate를 경험하고, 활력이 도는 정화된 토양, 죽은 나무에 갇혀 있던 영양분이나 세상 밖으로 나온 퇴적물을 얻는다. 이로운 불은 일시적으로 기존 생물상을 제거해 새로운 종이 자랄 기틀을 마련하거나 새로운 방목 주기를 가져와 새싹을 틔운다. 온갖 기능을 담은 단 한 번의 파장을 일으켜 농사에 필요한 여러 일을 해결하는 것이다.

그러나 모닥불에서 각 요소를 분리한 후 전자레인지까지 만들어낼 수 있는 환원 과정을 거쳐 대안을 마련해 들판을 태우지 않을 수도 있다. 그루터기와 나무 밑동을 태우면 영양분을 이용할 수 있고 질소 고정 유기체를 활성화한다. 그 대안은 퇴비와 인공 비료다. 최소 1~2년간 작물을 심기 위해 불필요한 초목을 태우는 일도 있다. 그 대안은 화학 제초제와 트랙터다. 골칫거리인 생물종이 있으면 불을 질러 연기와 함께 일시적으로 쓸어버릴 수 있다. 이 대안은 뭘까? 화학 살충제로 해결할 수 있다. 불은 이글이글 타오르는 화염이라는 단 하나의 과정으로 이 모든 작업을 끝낸다. 대안이 있을까? 없다. 집약 농업에서는 전부 하려 들지 않고 생산을 극대화하는 일부 작업만 챙긴다.

화염 없이 잔잔히 타는 불과 불 없이 피어오르는 연기, 재 없는 옥토 작업과 연기 없는 소독 작업. 이처럼 산업 농업은 취할 것만 취하고 버릴 것은 버린다. 불은 각 요소로 식별돼 나뉘고 강화될 수 있다. 사실 과학적 방식으로 할 수 있는 일이다. 불과 같이 모든 것을 한데 모은 통합 과정은 아주 많은 일을 하지만, 그 무엇도 극대화하지는 않는다. 원칙적으로 개별 효과를 강화할 수는 있을 것이다. 추가 발열 없이도 더 빛나는 전구나 연기 없이 가열하는 전자레인지 같은 기술력을 농업에 적용해 결국 들판에서 불을 제거할 수 있고, 목표로 삼은 특정 과정을 통해 화염을 대체하는 더 바람직한 방향으로 나아갈 수도 있다. 인공 비료, 살충제, 제초제, 개화를 촉진하는 카리키놀리드Karrikinolides(타버린 식물 재료와 그 연기에서 추출된 합성물로, 식물 생장 조절제 – 옮긴이)로 불의 특징을 하나하나 대체할 수 있다. 각 물질을 나를 때는 화석연료로 움직이는 펌프, 트랙터, 비행기와 같은 기계를 이용하면 된다. 이글이글 타오르는 화염을 내뿜는 불이 단 한 번에 전부 해결하던 일을 하나하나 나눠 작업마다 특정한 기술을 묶어 수행하는 것이다.

목표는 분리된 특성의 효과를 극대화해 땅의 경제적 생산성까지 최대치로 끌어올리는 것이다. 그러나 모든 요소를 통제할 수 없어 강화된 부분을 모아 재조립한 공장 같은 시스템으로 만들어낼 수는 없다. 모든 것을 한데 모은 탓에 복잡한 불을 기계적으로나 화학적으로 대체할만한 것이 없다는 의미다. 화경 농업을 계기로 제2의 자연이 등장했지만 제

1의 자연과 내부 상호작용이 아직 많이 남아 있었고, 전환 과정에서 역시 제1의 자연에 속한 불의 도움을 받았다. 세 번째 불을 이용한 농업은 생물종을 부리지 않고도 제1의 자연과 제2의 자연에 화학물질을 살포하며, 불을 질러 충격을 가하지 않고도 경작지를 재정비한다. 농장은 제조 시설에 가까워지며, 산업 공장처럼 불이 일으키는 복잡한 상호작용 없이 단일 작업만을 수행할 수 있는 기계를 선호하는 동시에 불을 배제한다.

불을 찾을 이유가 없었기에 그토록 오랫동안 유럽 농학자의 반감을 사던 휴경 역시 필요하지 않았다. 단일 작물을 심으며 더 많은 땅을 경작할 수 있었다. 베어내고 갈아낸 작은 땅뙈기에 작물을 심다가 모자이크처럼 제각기 휴경지로 남기는 화경이나 윤작이 사라졌다. 그러자 식량, 약, 사냥과 포획에 쓸 유용한 여러 생물종과 함께 웅장하고 다양했던 생물망 역시 자취를 감췄다. 제2의 자연이 인간의 야망에 맞춰 제1의 자연을 재구성했다면, 제3의 자연은 생산성을 극대화할 준비가 안 된 지역을 제거해 경관을 단순하게 만들었다. 서식지가 사라졌고, 살아남은 미경작지조차 기존 질서에 힘을 실어주던 불이 사라지자 자취를 감췄다.

그러나 휴경은 해체돼 엔진으로 들어간 불처럼 새로운 정체성을 찾았다. 제3의 자연에서는 상당량 매장된 화석 바이오매스가 세상 빛을 볼 날을 기다리며 잠든 휴경 화석이었다. 그런 물질은 연료를 제공할 뿐만 아니라 정제를 거쳐 비료, 살충제와 제초제가 되는 화학물질의 원천이자 나무, 돌, 금속과 같은 천연 재료를 대체하는 플라스틱의 원료였다. 인간은 휴경 화석을 생산에 도입해 실제 토지가 아니라 풍부한 자원이라는 새로운 세계로 확장해나갔다.

세 번째 불이 보여주는 황야

인류는 새로운 화력을 손에 쥐면서 처음으로 숲과 초원을 농장과 목초지로 왕성하게 바꿔나갔으며, 이후 농업을 집약화해 휴경을 없애고 경작한계지에서 철수했다. 게다가 아무리 멀리 있는 자원이라도 소비자에게 연결할 수 있는 교통 체계를 구축해 들소 가죽, 장식용 모자에 꽂는 새 깃털 등 시장을 겨냥한 사냥 시대를 열었다. 이에 따라, 국가에서 후원하는 보존 사업은 핵심 업무로서 남획, 삼림파괴, 서식지 소실에 맞섰다. 자연이 막을 수 없다면, 적어도 효과가 있을 때까지는 인간이 손을 써야만 했다.

 대응 방식으로 삼림 보존, 공원과 자연보호구역 설정이 있었으며, 대응이 모여 제3의 자연 속에 대안 경관을 만들었다. 제2의 자연 속 휴경지와 같았다. 신성한 숲이나 왕과 귀족을 위한 사냥터가 아니라 국가의 (공공) 관리를 받는 광대한 전원 지역이자 산업 연소의 마수가 뻗쳐 자연 경관까지 전소시키는 일을 막기 위해 제1의 자연을 보존하는 구역이었다. 보호구역이 화석연료 연소 곡선을 따라 증가하는 상관관계가 인과성을 의미하진 않는다 해도 연소 변이로 생긴 부산물이 아니라고 단정하기는 어렵다. 보호구역은 경제성과 미학 측면에서 산업 사회와 다르지 않다. 둘 다 연소 변이의 여파가 낳은 결과물이기 때문이다.

많은 보호구역이 화재로 피해를 입자, 그런 불에 어떻게 대응해야 하는지 의문이 생겨났다. 산업화 사회에서 황야의 불은 도시와 같지 않았으나, 똑같은 잣대를 들이댄 탓에 첫 단추부터 잘못 끼고 말았다. 다양한 요인이 연소 변이로 수렴했기 때문이다. 세 번째 불과 함께 모든 것이 확장하고 결합해 그 무엇도 진정 독립적이라고 할 수 없는 상황이었다.

이 시기에 유럽 북부 국가들이 팽창했다. 인도, 알제리, 가나 등 일부 국가도 간접적으로나마 지배했다. 대규모 이민 행렬을 받아 정착 사회로 거듭난 곳도 있었다. 모든 이가 급속한 경제 세계화를 체감했다. 적어도 자본주의가 어떤 제지도 받지 않고 삼림 자원, 야생동물, 토양, 광석을 점점 더 빨리 강탈하고 있는 것 정도는 느꼈을 것이다. 증기기관차가 경관 내부를 열어젖히고 세계 시장을 상대로 수송 채비를 마쳤다. 사람들은 (초원과 사바나에 자란 덜 여문 싹을 동물에 주거나) 숲속에서 나무를 베어 바다 건너까지 옮기기 위해 철도를 놓고 증기선을 마련할 필요가 없었다. 산업 수송을 통해 생각지 못한 속도와 규모로 공급자와 소비자가 연결됐기 때문이다. 미국에 철도라는 촉매제가 없었다면 서부의 대규모 방목, 북부 삼림 지역의 개간, 그레이트플레인스Great Plains 전역의 농업 모두 지금과 같은 속도, 강도, 규모를 자랑하지는 않았을 것이다.

숲을 파헤치다 보니 대화재가 발생했다. 지방 정부가 막아내기는 어려운 광란이었다. 그래서 국가, 즉 제국 정부나 중앙 정부가 나서서 숲, 물, 흙과 벌목꾼, 광부, 목동에다가 막대한 자본과 무엇이든 바꿔놓는 증기력을 등에 업고 국유지나 사유지를 휩쓸고 엉망진창으로 가연성 물질만 쌓아놓고 떠나는 사람들 사이를 중재해야 했다. 실제로 국가 후원 보존 사업을 진행했고, 이런 배경 때문에 광범위한 삼림 보존 구역과 그곳을 감시하는 삼림청이 생겼다. 삼림청은 통제 따위 모르는 '불과 도끼'가 초래하는 크나큰 파괴를 막기 위해 주로 벌목 규제와 화재 진압에 힘썼다(경험상, 벌목보다 산불이 10배 더 넓은 삼림을 파괴했다). 현세대가 재난을 피하고 미래 세대가 '목재 기근'과 파괴된 유역을 경험하지 않게 하기 위해서였다.

삼림 보존은 현대의 이성적인 국가라면 응당 해야 할 일이었다. 프랑스, 영국, 네덜란드, 러시아 제국 전역에 비슷한 기관과 사상이 퍼졌고, 이후 미국, 캐나다, 호주와 같은 정착 사회에서도 자리 잡았다. 독일은 삼림 관리에 탁월했다. 프랑스는 국가 차원에서 삼림 관리를 밀어붙였다. 영국은 삼림 관리 모델을 제국 내 공공사업 형태로 확립했다. 삼림 관리는 경제적 이익도 이익이지만 소작농, 원주민, 계몽주의를 덜 경험한 국가의 땅을 탈취하는 것에 정당성을 부여했다. 흥미롭게도 삼림 관리에서 주요 고려사항은 기후였다. 유럽 학자들은 섬 식민지 개척 초기만 해도 도끼나 불로 삼림을 파괴하면 가뭄과 홍수가 자주 발생하는 불안정한 날씨가 뒤따르리라 생각했다.[6]

보호구역 관리는 삼림 관리인의 몫이었다. 그러나 명칭이 문제였다. 삼림 관리인이라면 당연히 숲을 감독해야 했다. 그러나 보호구역에서 관리할 대상은 나무만이 아니었고, 당시 삼림청은 불에 논리적으로 대처할 준비를 전혀 하지 않았던 듯하다. 불을 싫어하고 두려워만 한 게 아니라 관련 지식이 아예 없었다. 지구에서 지역 특성상 불이 일상적이지 않은 이례적인 곳 중 하나인 온대 유럽의 맥락을 불에 적용했다. 이 맥락에 따르면, 어떤 불이든 사람 손에서 시작됐기 때문에 불은 곧 사회적 문제였다. 버나드 퍼나우Bernhard Fernow 등 국가 후원 삼림 관리를 창시한 인물들은 불이 정식 삼림 관리의 일부가 아니라고까지 주장했으며 화재 통제Fire control가 삼림 관리의 전제조건이라고 덧붙였다. 하지만 화재 관리Fire management는커녕 화재 통제조차 삼림 관리 전문교육 과정에 포함되지도 않았다.

그러나 결국 소방Fire protection이 고유 업무이자 성공의 척도가 되면서, 삼림 관리인은 20세기 내내 불을 최대한 없애려 했다. 전통적인 화입을 막고, 원인이 뭐든 불을 진압했으며, 연기라면 아무리 먼 오지라도 뒤쫓았다. 1953년에야 미국의 한 화재 통제 문서에 이런 구절이 실렸다. "기존 교육 결과, 적은 시수에도 불구하고 젊은 삼림 관리인의 업무 중 80퍼센트가 삼림 화재 통제에 집중돼 있다." 유럽에서는 불이 삼림 관리의 새로운 관심사로 자리 잡으면서 삼림청에 힘을 실어줬다. 불은 맞서 싸울 적이자 성공의 척도였으며 대중과 정치 지도자 앞에 내놓을 가시적 성과를 내주는 존재였다.[7]

삼림 관리인이 드넓은 보호구역을 관리하다 보니 소방 과학Fire science에서는 통제를 강조했다. 경관 화재를 상대로 한 삼림 관리인은 공학자이자 신탁을 받는 사제 같은 존재였기 때문에 보호구역을 넘어서까지 그들의 정책이 교리처럼 전파됐다. 주로 대형동물을 보존하기 위해 설립된 야생동물 보호구역은, 불쾌하지만 불이 필요하다는 다른 관점에 도달했다. 그러나 기존 삼림 관리의 화재 진압 규칙을 그대로 답습했다. 미국, 브라질 그리고 에티오피아까지, 국립공원들은 모두 (자연적이지 않은) 인간의 불과 (본질적으로 피해를 주는) 번갯불의 고삐를 당기려고 했다. 참으로 인상적인 삼림청의 정치력과 권위 덕에 삼림 관리 규칙은 교외 전원 지역까지 퍼졌다. 도시 밖에서도 국가 소방 활동의 얼굴이자 배후 실세가 된 것이다. 삼림청이 내놓는 화재 해석에 이의를 제기할 학문적, 과학적 평행추가 없었다. 연소 변이라는 작은 진동에서 시작된 화염의 여파는 대화재의 시대가 열리고도 한참 지나서까지 이어졌다.

초기 화재 통제는 (실무자 생각과 달랐겠지만) 비교적 간단했다. 처음 몇 년간은 화재 다발 경관에서 불을 손쉽게 통제할 수 있었다. 끊임없는 불길에 가연성 물질이 줄기도 했고, 수관화가 잘 일어나는 곳에서는 키 큰 나무가 듬성듬성해졌기 때문이다. 이 과정이 오래 지속된 경관에서는 소방차만 있어도 거의 모든 화재를 성공적으로 통제할 수 있었다. 그러나 시간이 지나 연료가 퍼지고 두껍게 쌓이면서 더 거세진 화염을 통제하려면 그에 걸맞은 더 강력한 힘이 필요했다. 결국 가장 큰 손해를 입히고 제압이 힘든 데다가 바람이나 연료가 없어지기 전까지는 통제조차 불가능한 심각한 화재만 남았다.

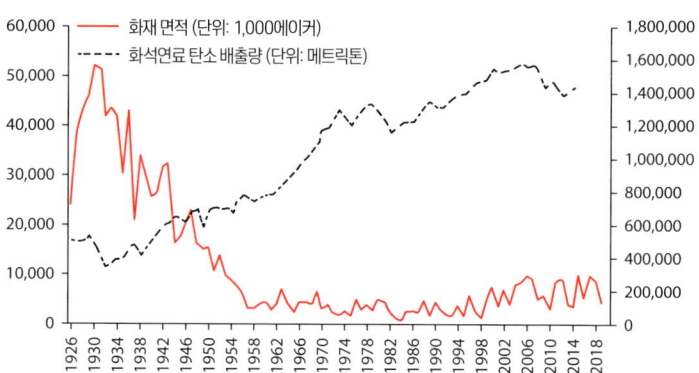

경쟁하는 두 화재: 미국 내 화재 면적

출처: 미국 에너지부US Department of Energy 이산화탄소 정보분석센터Carbon Dioxide Information Analysis Center. 미국 전국합동화재센터National Interagency Fire Center. 1926~1970년 자료는 〈Historical Statistics for the United States(미국 역사 통계학)〉에서 인용했다. 1959년 미국에 편입된 알래스카까지 클라크-맥너리 프로그램Clarke-McNary Program에 합류한 여러 주의 자료도 반영했다. 1983년 이후로는 일반 보고 자료를 참고했다. 결과적으로, 시간이 지나면서 화재 면적 누적 수치가 증가하나, 화재 면적 자체는 감소한다. 1926년 이전의 화재 면적은 1926~1930년의 누적 수치보다 확실히 높다. 농업과 관계없는 산불만 반영한 결과이며, 산불이 완전히 멎지 않았지만 감소 추세임을 알 수 있다.

20세기 초, 캘리포니아 북부가 주인공인 재미난 폭로가 있었다. 미국 삼림청 소속 관리자 쇼^{S. B. Show}와 코톡^{E. I. Kotok}이 여태껏 전개된 상황을 다음과 같이 설명한 것이다. 국유림이 조성되던 시기에는 모두 삼림 화입에 참여했고 그것이 '이미 확립된 관행'이었다. '수백 에이커에 걸쳐 불을 제거할 수 있다'는 생각이 터무니없다고 여기던 시절이다. 비판하던 측은 장차 의도와 상관없이 '통제할 수 없는 수관화'를 비롯해 온갖 재난이 닥친다고 내다봤다. 소방 활동이 강화되자 가연성 물질은 예측대로 '상당히 증가했다'. 그 결과, 지역 주민들은 서둘러 불을 놓기 시작했다. 방화를 저지르는 사람도 있었고 시위하듯 기존 화입 관행으로 돌아가려는 사람도 있었지만, '직접 행동에 나선 데다가 탁 트인 자연에 불을 놓은 탓에' 둘 다 위협일 뿐이었다.

결국 삼림청이 승리했다. 삼림 관리인은 이후 세대가 통제할 수 없을 산불의 원인으로 지목될 울창한 삼림을 길러냈다. 당시만 해도 관계자들 사이에 의구심은 눈곱만큼도 없었다. 2017년에서 2020년 사이, 정확히 이 지역은 연쇄 대화재에 직격탄을 맞았다. 산타로사가 타들어갔고, 레딩은 화재 토네이도^{Fire tornado}에 휘감겼으며, 파라다이스 타운은 화재로 주민 80명을 잃었다.[8]

공원, 야생동물 보호구역, 원시자연 보호구역에서는 날이 갈수록 심해지는 해로운 불의 영향은 물론이고 과거 이로운 불이 가져다주던 생태적 이점의 빈자리를 느꼈다. 20세기 후반 들어 삼림청은 불명예를 안고서 불을 그만 없애고 되살리기로 마음먹었다. 그러나 발전을 열망하는 개발도상국에게 화재 진압은 여전히 현대성을 의미하는 강력한 상징이었다. 화염을 잦아들게 하는 것은 물론이고, 발전을 지연시켜 미신과 낙후라는 진흙탕에 빠지게 한 원흉인 기존 관행에 맞선 싸움이었기 때문이다. 엘리트들은 원래 민중의 반대에 서서 불을 없애야 한다고 주장했다. 그러나 선진국이 성숙기에 접어들자 오랫동안 불을 반대하는 메시지를 접하고 주로 도시에 거주하던 대중이 화재 진압을 선호했고, 엘리트들은 불을 되살리고 싶어 했다. 상대의 의견이 내 의견이 되는 모순이 뫼비우스의 띠처럼 이어진 것이다.[9]

불의 역설이라는 것이 있다. 도시에서 효과가 있었다고 야생에서도 똑같은 것은 아니었다. 일련의 역사적 사건이 모인 결과물인 연소 변이가 불이 설 무대에 혼란을 가중시켜 해로운 불은 많아지고 이로운 불은 거의 사라졌다. 호주에서는 1950년대 들어 통제 화입 Controlled burning을 바탕으로 화재를 관리하려는 움직임이 나타났다. 미국의 경우, 1960년대에서

1970년대 사이였다. 불을 없앤 여파가 여실히 드러나자, 삼림청은 화재 과학에 관한 장악력을 잃고 화재 관리를 독점하던 자리까지 포기해야 했다. 제2차 세계대전 이후 뜨겁게 끓어오른 탈식민지화 과정으로 해방을 맞이한 국가가 등장하며 제국주의 정부 기관이 해체됐다. 이때 삼림청이 특히 도드라졌다. 그러나 시대가 남긴 유산은 혼란스러운 생물상 속에 단단히 자리 잡았다. 불이 일상인 것과는 거리가 먼 도시에 인구가 모여 있었고, 불에 관한 전통문화는 고립돼 겨우 숨만 붙어 있는 수준이었다. 불을 복원하는 일은 예고된 악전고투였다.

그러나 화염세에서 쏟아져 나온 여러 역설을 보면, 앞으로 훨씬 더 많은 불이 찾아올 것이다. 이제 우리 앞에는 야생성을 띤 불, 흉포한 불, 처방대로 타오르는 불이라는 선택지만 있을 뿐이다.

대화재

연소 변이는 불 사이의 경쟁으로 시작해 결탁으로 넘어간다. 지구의 야간 위성 사진을 보면 그 양상이 잘 드러난다. 빛의 두 영역이 명확히 구분되는데, 하나는 화염이 타오르는 자연

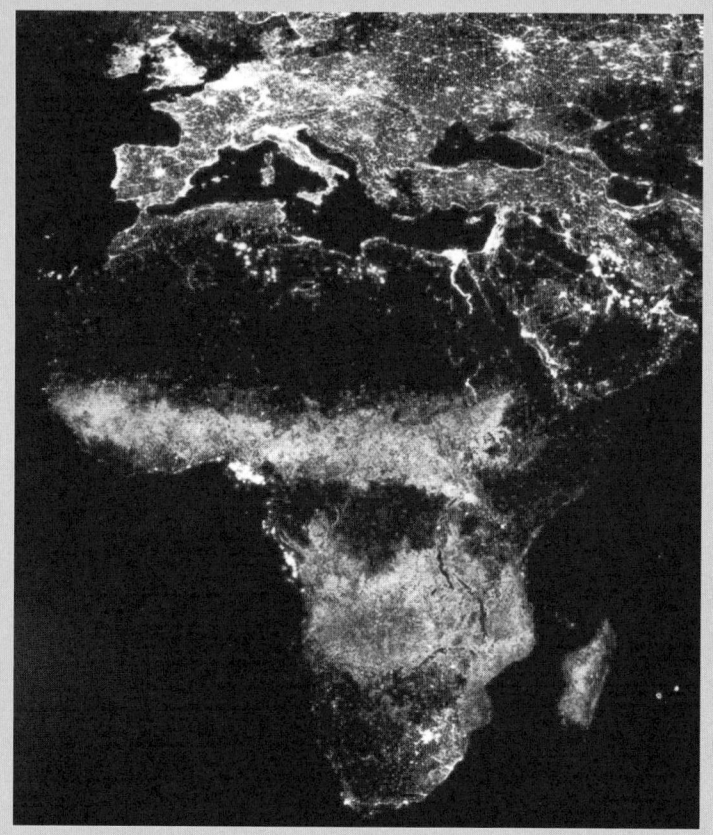

연소의 두 영역
유럽과 아프리카의 야경. 유럽은 주로 연소를 통해 얻은 전기로 불을 밝히고, 나머지 지역은 여전히 화석연료 사회다. 사하라 이남 아프리카 지역은 주요 도시 단지와 연안 시추 구역 주변을 제외하고 자연 경관을 태운다. 미국 해양대기청 산하 (출처: 국립지구물리데이터 센터NOAA National Geophysical Data Center 소속 크리스 엘비지 Chris Elvidge 제공.)

경관이고, 다른 하나는 가연성 암석 경관에서 에너지를 공급받아 빛을 내는 지역이다. 서로 떨어져 다른 근원을 가지는 두 지역은 기체 상태로 대기에 섞여 들어가는 연소 배출물을 내뿜어 연소 변이가 일어나지 않은 곳까지 포함한 지구 전역에 영향을 미칠 수 있다. 그러면 따뜻해진 지구가 일종의 스테로이드로 작용해 자연 경관에서 불이 자주, 빨리, 거세게 일어나도록 자극한다.

불길은 황야에서 더욱 심해진다. 캘리포니아주 산타로사나 테네시주 개틀린버그 같은 준교외에서 갑작스레 거세게 일어나 도심까지 번지기도 한다. 개간, 벌목, 침입종, 인간의 발화, 불안정한 기후와 상호작용해 경관 특성을 자신에 유리하게 바꿔놓는다. 그러고는 몇 번이고 타올라 얼음, 대형동물, 화재에 취약한 식물 등 홍적세가 남긴 최후의 흔적을 구석으로 몰아넣고 급기야 소멸시킨다.

연소 변이는 시공간적으로 균일하지 않다. 수십 년간 직접 영향권에 드는 지역이 있는가 하면 기후, 해수면 상승, 전염병, 우글대는 해충, 외래종 침입, 토착종 멸종 등 다양한 현상으로 간접 영향을 받는 지역도 있다. 실리카가 차곡차곡 리그닌 자리를 채우며 규화목 Petrified wood을 만드는 것과 달리 가연성 물질이 일정하고도 체계적으로 대체되는 것은 아니다. 연소 변이는 물질이 아니라 과정이다. 몇 세대에 걸쳐 일어날 수도, 훅 불어나는 강물처럼 갑자기 발생할 수도 있다. 어떻게 보면 인간은 마지막으로 남은 거대 빙상이 물러나기 시작할 때부터 점점 거세지는 화력을 손에 넣었다. 그리고 세 번째 불과 함께 화염세에 날개를 달았다.

    인류가 일궈낸 주거지에 몰고 온 변화를 생각하면 연소 변이에도 좋은 점이 많다. 부엌과 마을에 연기가 자욱하지 않고, 가연성 재료로 집을 짓고 도시를 조성한 탓에 자나 깨나 화재 걱정을 하던 시절이 지났으며, 계속 장작을 구하러 다닐 필요도 없다. 세 번째 불은 사회 구성원의 끊임없는 관심과 손길이 필요한 어린이나 두 번째 불과 다르다. 한때는 우리에게 충격을 주고 날뛰기도 했지만, 인간의 생활에 더 없이 유용할 수 있다. 지루하게 앉아 불이 꺼지지 않는지 지켜볼 필요가 없다. 따뜻한 지역의 가옥이 종종 부엌과 분리된 것처럼 이제 동력원에서 멀찌감치 떨어져 동력을 사용한다. 지긋지긋한 연기 대신 눈에 보이지 않는 배출물이 뭉게뭉게 모여 대기를 채울 뿐이다. 구축 환경에서는 불이 여기저기 번질 위험도 줄어든다.

    그러나 이 변화에는 대가가 따른다. 어느 지역에서나 어떤 종류든 불이 존재하고, 불의 성질은 지역 내에서 바뀐다. 마찬가지로, 농업에서는 다루기 까다로운 화염을 피하려 화학물질을 사용하다 보니 오염이라는 문제를 일으키기도 한다(거의 모든 발화 지연제Fire retardant가 암을 유발한다는 사실은, 연소란 낯선 외부에서 들이닥친 부담이 아니라 자연 경관의 기본이라는 점을 다시 한번 상기시킨다). 불에 적응한 황야와 전원 지역에서 불을 몰아내면 경관을 불안정하게 만들고 해로운 불을 일으키게 된다. 과도한 처방 탓에 항생제를 잘못 복용하면 부작용으로 더는 듣지 않듯, 우리는 화석연료를 마구 써버리는 통에 들불이 돌아올 환경을 조성하고 말았다. 개개인의 선택이 모여 사회 환경을 재구성한다. 지역의 변화가 전 세계적인 변화로 확대되는 것이다.

불에서 대체로 이목을 끄는 것은 불꽃이다. 불꽃은 인간이 딛고 선 대지를 똑같이 딛고 타오른다. 인간이 헤아릴 수 있는 크기만 하다. 그러나 불에서 훨씬 더 거대한 것은 가장 높은 산보다 더 높이 솟구칠 수 있는 연기 기둥이다. 2019년부터 2020년까지, 전 세계적으로 산불이 발생하는 가운데 대중의 관심을 끈 것은 커다란 대류 기둥Convection column이었다. 대류 기둥이 대기에서 블랙홀처럼 천천히 소용돌이치며 짙은 먹구름을 드리운 탓에 대낮인데도 한밤중 같았고, 시드니에서 샌프란시스코까지 주요 대도시 주민들이 몇 주 동안이나 집안에 꼼짝없이 갇혀 있어야 했다. 1930년대 일었던 엄청난 먼지 폭풍 이후로 인류와 자연의 비극적인 충돌이 시각적으로 각인된 시기는 이때가 처음이었다.

연기 기둥은 더 불길할 수도 있는 현상을 불러일으켰다. 불길이 거세게 일면 화재적운Pyrocumulus cloud이라는 소나기구름Thunderhead이 생긴다. 피어올라 냉각된 수증기가 적절한 조건을 만나 빙정, 비, 세찬 하강 기류, 벼락을 동반하는 뇌우로 발전한 것이다. 그 결과, 수증기와 함께 상승했던 파편이 하강 기류를 타고 내려와 뇌우 아래서도 불을 일으킬 수 있고, 벼락이 바람보다 앞서서 불을 더 많이 유발할 수 있다. 흔한 현상은 아니다. 대개 불에서 생기는 에너지로는 화재적운을 형성하기에 역부족이고, 대화재는 대류 기둥을 구부리거나 끊어낼 수 있는 강풍을 타는 경향이 있기 때문이다. 그렇다고 해서 화재적운이 드문 것도 아니다. 최근 수십 년간 더 두드러지고 빈번하며 연구 주제로 자리 잡기까지 한 일반적인 현상이다.

이는 세 번째 불이 대기와 상호작용하면서 어떻게 자연 경관에 더 많은 불을 일으키는지 보여주는 사례다. 불이 불을 먹고 살며 더 많은 불을 일으키는 환경을 형성하는 것은 언제나 진실이다. 그러나 자연 경관에는 불이 모든 것을 다 삼켜버리지 못하도록 막는 화재 방지벽이 있다. 암석 경관에는 없다. 그 대신 불이 연료를 재배치하고 기후를 바꾸며, 또 다른 불을 일으켜 하늘 위로 연기를 피워올린다. 홍적세에서 시작된 한 간빙기가 그간 인류의 화력 덕에 끓어 넘쳐 대기에서까지 오래된 제약을 끊어내고 활활 타오르는 풍경 너머로 영향력을 뿜어냈다. 불의 시대에서 이제는 불에 정통한 시대, 즉 완전한 화염의 시대가 됐다.

5장
화염세

T H E   P Y R O C E N E

네 건의 화재가 있었다.

  2016년 5월 1일, 캐나다 앨버타주 포트맥머리 남서부에서 (아마 사람이 일으켰을) 원인 미상의 화재가 발생했다. 이틀이 지나자 불길은 화재적운을 형성하며 애서배스카강 건너 마을로 돌진해 피난민을 양산하는 동시에 건물 2,400채를 할퀴고 오일샌드 중심의 지역 경제를 마비시켰다. 여기서 그치지 않고 동쪽으로 번져 결국 서스캐처원주까지 진입한 뒤 유기질토 속을 불태우며 겨우내 버텼다. 여기서 피어오른 연기가 남쪽으로 흘러 미국의 절반을 뒤덮었다. 화재는 2017년 8월 2일에야 겨우 진압됐다. 최종 추정 피해 면적만 120만 에이커 이상, 직간접적인 피해액은 99억 달러에 이르렀다.[1]

호스 리버 화재Horse River fire라고 명명된 이 불은 캐나다 역사상 최대 규모도 아니고 지역 사회에 심각한 피해를 준 최초의 화재도 아니다. 유럽인이 정착하던 시대에 이미 포큐파인, 코크런, 헤일리베리 등지가 화재에 무릎 꿇은 이력이 있다. 2011년에는 아한대 삼림이라는 유사한 환경에서 비슷한 화재가 일어나 발원지를 박차고 나간 후 근처 도시인 슬레이브레이크 중심부로 번져나가기도 했다. 앨버타주에서 벌어진 일이었다. 주변 아한대 삼림이 불에 타면 지역 사회는 방재책이 없는 한 속수무책이다. 호스 리버 화재는 역사에 남을 만했지만 이런 점에서 이전 화재와 다르지 않았다. 다시 찾아오는 화염은 오래전에 사라진 줄 알았지만 재유행하는 전염병 같았다.

호스 리버 화재에서 특히 눈여겨볼 점은 지역의 화염 지리를 잘 보여주는 두 개의 연소 영역과 불의 관계였다. 현재 포트맥머리는 북부에 있는 애서배스카 오일샌드 산업으로 유명한 지역이다. 지구상에서 불에 가장 잘 타는 숲속에서 너저분한 화석연료 생산 시설에 둘러싸여 있으며, 암석 경관에서 석유를 뽑아내는 곳이다. 그러나 석유를 이유로 가열돼 압착당하는 암석처럼, 자연 경관과 암석 경관 사이에 끼어 오도 가도 못하는 신세다. 2016년 5월, 보통은 서로 떨어져 있던 불의 두 영역이 충돌했다. 저 멀리 화염이 치솟는 숲을 배경으로 녹아내린 차, 피난길에 오른 차, 휘발유를 나르는 트럭 등 차량이 꽉 들어차 있는 장면이 이 충돌을 완벽하게 보여줬다. 인류의 연소라는 양초의 심지끼리 맞붙은 사건이었다.

1년 후인 2017년, 6월 17일부터 이틀간 포르투갈 중부에서 화재가 발생했다. 대화재로 이어지기 쉬운 무덥고 건조한 날씨가 이어지던 중이었다. 태풍 루시퍼가 일으킨 기록적인 폭염이 원인이었다. 코임브라 남동부를 중심으로 발생한 화재 156건의 원인으로 마른벼락과 인간이 지목됐다. 그러나 원인이 있어도 불붙을 게 있어야 화재로 발생하는 법, 작은 불씨가 광범위한 지역에 걸쳐 다소 생소한 연료를 만나 걷잡을 수 없이 번졌다. 방치된 들판은 물론이고 조림 수종인 외래 소나무와 유칼립투스까지 화염을 키운 것이다. 거센 불길은 130만 에이커를 집어삼키며 진화 작업을 무력화했고 통신망과 전력망을 파괴하며 최소 66명의 목숨을 앗아갔다. 사망자 다수는 페드호가우 그란데(Pedrógão Grande) 전역에서 피난길에 올랐던 사람들이었다. 10월 15일부터 사흘간 또다시 화재가 발생했다. 그해에만 유럽 내에서 화재로 피해를 본 면적 중 60퍼센트가 유럽 면적의 2퍼센트에 불과한 포르투

갈에 몰리고 말았다.[2]

이는 비평가들의 말대로 유례없는 일도 아니었고 예상치 못한 화재도 아니었다. (지나칠 정도로 집약적인) 폐쇄 농업으로 수 세기 동안 억누르기는 했지만, 포르투갈은 활활 타오르는 불길에 기름을 끼얹는 지중해성 기후다. 1970년 중반에 독재 정권이 막을 내린 이후, 유럽연합EU 가입 승인을 받은 포르투갈은 현대 경제 체제에 진입하면서 전통 농법을 부정적으로 바라보기 시작했고 급기야 지방 인구가 대도시로 대이동에 나섰다. 전원 지역에는 가연성 관목과 불에 목마른 조림 수목만 무성하게 우거졌다. 화재의 싹부터 억눌렀던 전통 기반 시설은 자취를 감추고, 현대 소방기관이 소방 활동을 책임졌다.

그러나 역부족이었다. 막대한 비용을 쏟아붓지 않고는 결코 충분히 대응할 수 없었다. 1974년 이후로 화재 발생 건수가 급격히 늘었고, 피해 면적은 (종종 폭발적으로) 커졌으며, 맹렬한 기세로 타오르는 불 앞에서 그 어느 때보다 가장 필요한 화재 진압은 소용이 없었다. 포르투갈은 이미 1991년 대화재를 경험했다. 2003년에는 교외에서 발생한 화재로 코임브라까지 피해를 봤다. 그리고 2005년 또다시 화마와 마주했다. 해로운 불길에 이렇게까지 지긋지긋하게 시달린 나라도 없을 것이다. 그러나 빈번한 화재는 스페인, 프랑스 남부 그리고 특히 그리스에서 잘 나타나는 지역적인 문제였다. 사실, 포르투갈이 이글이글 타고 있던 시기에 프랑스 프로방스 지역에도 불이 타올랐다.

페드호가우 그란데 같은 지역은 캐나다 포트맥머리와 달리 가연성 경관 속에 새로 들어선 마을이 아니다. 주위에 새로 형성되는 경관을 지켜볼 정도로 오랫동안 자기 자리를 지켜온 곳이었다. 젊은이들이 농촌 경제를 떠나 리스본과 포르투 같은 현대 도시로 향하자 방치된 그 지역을 스리슬쩍 꿰찬 것은 화석연료였다. 전통 농법이 만들어놓은 화재 경관은 매섭게 휘몰아치는 산업 경제 앞에 흐트러지기 시작했다. 포트맥머리가 나름 확장하는 전초기지라면, 포르투갈 중부 마을은 철수하는 인파로 축소되는 모양새였다. 추진 조건은 기후보다 경제였다.

초원 위로 작은 불길만 일어나던 지역에서 두 번째 불이 사라지고 첫 번째 불과 세 번째 불이 섬뜩한 이중주를 펼친다. 벼락이 불을 여럿 일으키면, 내부 연소가 맞대응하려는 식이었다. 한편, 두 번째 불이 사라진 족적을 따라 야생형 불이 세력을 키워갔다. 첫 번째 불과 세 번째 불의 영역이 충돌했던 페드호가우 그란데 외곽 236번 고속도로에서는 30명이 차량 내부에서, 17명이 차량 근처에서 사망했다. 화염세에 걸맞은 불이 선과 면을 그리며 번지기 적합한 장소였다.

또다시 조짐이 나타났다. 캘리포니아주 파라다이스 타운이 캠프 화재 Camp fire로 쑥대밭이 되기 전에 여러 번 경고 신호가 있었다. 마을은 오랫동안 위험을 인지하고 있었고, 과거 20년간 인근에서 대형 산불 13건을 경험했으며, 2008년 치명적인 결과까지는 초래하지 않은 두 건의 화재로 최종 리허설도 마친 상태였다. 2018년 11월 8일 오전 6시 15분, 일출을 한 시간 앞두고 동쪽에서 불어닥친 돌풍을 맞은 불량 전선에서 스파크가 튀었다. 뒤이어 발생한 화재가 18분 만에 10에이커를 태웠다. 1시간 45분 뒤에는 파라다이스 타운에 들이닥쳐 차량을 일그러뜨리고 건물은 뼈대만 남기고서 1시간 만에 마을을 연기만이 피어오르는 잿더미로 만들었다. 불은 17일간 기승을 부리다 쏟아지는 빗줄기에 소멸했다.

피해는 엄청났다. 사망자 85명에 파괴된 건물이 1만 8,661채였고, 지역 기반 시설 역시 온전치 않았으며 베이 지구와 센트럴밸리 주변에 기록적인 대기 오염이 발생한 데다가 이재민 수천 명에 피난민 행렬까지 이어졌다. 현대 합성 재료로 인해 노출된 유독성 잔해가 (30억 달러를 들여) 제대로 제거될 때까지 마을은 거주 불능 상태였다. 작은 기업은 보험금 청구에 긴장했다. 전력 회사 퍼시픽가스앤드일렉트릭 Pacific Gas and Electric은 자사를 전력망 고장을 원인으로 지목받아 300억 달러에 이르는 손해를 배상할 처지에 놓였고, CEO가 직무 유기 혐의를 받는 사이 파산보호를 신청했다. 그러자 다른 전력 회사들은 재발 방지를 위해 산불 경보가 있는 날이면 전력을 차단하기 시작했고, 고객 수백만 명이 영향을 받았다. 보험사는 징벌 차원에서 보험료를 인상했다. 캠프 화재는 당해 가장 큰 대가를 치른 세계적 재난이었다. 여파는 수년간 계속될 전망이다.[3]

캘리포니아는 태생적으로 불에 잘 타고 종종 폭발적인 화재를 겪는 지역이다. 불이 캘리포니아의 지형에 단단히 연결돼 있다고 해도 과언이 아니다. 캠프 화재가 파라다이스 타운을 강타한 바로 그때, 캘리포니아 남부는 주 역사상 최대 규모인 울시 화재 Woolsey fire를 진압하려 애쓰고 있었다. 캠프 화재가 있기 1년 전부터 2건의 기습적인 화재가 발생했다. 2017년 가을에 일어난 화재는 북부와 남부 캘리포니아 전체에 영향을 미쳤고, 여러 불길 중 하나였던 터브스 화재 Tubbs fire가 산타로사를 휩쓸어 건물 5,643채를 전소시켰다. 2018년 8월에는 파이어 토네이도가 맹렬한 기세로 레딩을 쓸어버리는 등 북부 캘리포니아에서 화재가 기승을 부렸다.

캘리포니아와 불은 낯선 사이가 아니었다.

　세월을 거듭해온 캘리포니아의 화재 양상은 원래 5년에서 10년 정도 조용하다 불길이 확 치솟는 식이었다. 그런 곳에 대규모 화재가 1년에 세 번이나 일어났다(2019년과 2020년에는 더 많았다). 대화재는 보기 드문 현상이 아니었다. 화재 포위 작전은 계속 진행됐다. 뭔가 달라진 상황 속에서 사람들은 불안정한 기후, 토지 사용 방식, 엇나간 자신감 및 오해를 화재 원인으로 지목했다. 그간 땅에서 작은 불씨를 말려버리고 큰 불만 남겼고, 준교외 외곽에서 도심 또는 도심 너머까지 불이 번지지 않으리라 생각했으며, 더 많은 장비와 공중 소화 활동으로 전진하는 불을 저지할 수 있다고 자신했던 것이다. 캘리포니아는 전 세계에서 제일가는 소방 기반 시설을 갖추고 있다. 전국 최대 규모 소방서 다섯 곳의 소재지이자 한 세기 동안이나 공격적으로 화재 진압을 펼친 이력이 있다. 그러나 2020년이 되자 캘리포니아의 화재 경관과 불을 별것 아니라는 듯 여기는 생활 방식 사이에서 더는 버틸 재간이 없었다. 한계점을 넘어선 것이다.

　호주의 상황도 다르지 않았다. 2019년부터 2020년까지 산불철은 예년보다 한 달 이른 9월에 찾아와 잦아들 줄 모르고 2월 중순까지 이어졌다. 오랜 가뭄에 기록적인 더위가 겹치고, 마른벼락이 한바탕 내리쳤다. 이 와중에 인간은 헬리콥터 착륙 유도등부터 양봉 작업까지 발화 행위를 이어갔고, 자원 소방 조직은 한계에 부딪혔다. 아무리 산불로 유명한 지역이라지만 이상한 시기였다. 많은 사람이 미래의 전조라고 생각할 지경이었다.[4]

 예비 보고를 보면 이 새로운 서사의 윤곽이 드러난다. 호주 전역에 불길이 미치지 않은 곳이 없었고, 그중 캥거루 아일랜드부터 뉴사우스웨일스 해변까지 약 2,720에이커에 달하는 지역이 가장 심각한 피해를 입었다. 참 간교하게도 최악의 화재는 그레이트디바이딩산맥 Great Dividing Range과 깁슬랜드 Gippsland를 따라 있는 삼림 보호구역과 국립공원에 집중됐다. 소방관 4명을 포함해 최소 30명이 사망했다. 말라쿠타 Mallacoota 등지 주민들은 해변으로 피신한 후 호주 해군에 구출됐다. 2월 초, 오스트레일리아 인스티튜트 the Australia Institute는 호주 인구 57퍼센트가 화염 또는 연기를 통해 화재에 직접적 영향을 받았다고 추정했다. 시드니, 멜버른, 캔버라에 수일간 연기가 자욱했고, 이후 호주 우정공사 Australia Post에서 탁한 공기를 이유로 수 주간에 걸쳐 캔버라의 우편 배송을 중단했다. 연기는 화염을 비껴갔던 포도밭에 영향을 미쳤다. 경제 활동이 둔화됐다. 어이없게도 호주 광산 기업

BHP는 잠깐 석탄 채굴을 중단해야 했고, 관광 산업 역시 국내외적으로 어려움을 겪었다. 지방 하천도 피해를 입었다. 죽은 동물이 수십억 마리로 급증했다고 추산되는 가운데 생태학자들은 특히 기후 변화의 한복판에서 자국 내 화생 식물의 복구 능력까지 걱정했다. 화재 진압 비용은 눈덩이처럼 불었다. 정부에서 기준 이상으로 연장 근무를 한 자원 소방 조직에 금전적인 보상을 하기로 결정했기 때문이다. 게다가 20억 달러를 복구 비용으로 할당했다. 그러나 실제 피해 규모 추정치인 1,000억 달러에 미치지 못했다. 임시 공식 공개 조사가 계획됐다. 화재 피해를 온전히 집계하는 데만 몇 년이 걸릴 전망이다.

　의심의 여지 없이 호주는 가뭄, 방화에 대화재까지 기승을 부리는 환경에 수백만 년 동안 길든 불의 대륙이다. 미국에 근접한 규모이지만 그중 4분의 1이 아시아 몬순의 영향을 받고, 최소 5만 년 전부터 인간이 불을 사용한 기록이 남아 있는, 더 건조한 캘리포니아를 상상해보자. 유럽인이 정착하던 2세기 동안, 역사적인 대화재가 붉은 화요일 Red Tuesday, 잿빛 수요일 Ash Wednesday, 검은 무엇 하는 식으로 달력을 채웠다. 환경뿐만 아니라 조사와 임시 공식 공개 조사에도 영감을 준 정치적인 사건이었다. 그러나 '불이 끝도 없이 타들어 간' 화재인 검은 여름은 달리 느껴졌다. 해로운 불이 자주 찾아와 더 큰 피해를 입혔다. 화두에 오른 기후 변화와 다양한 통제 화입이 분열하는 정치판에 끼어들어, 언제 터질지 모를 화약고 같았다. 불을 보고 점을 치는 사람들은 가만히 화염을 바라보다 시공간 연속체가 성숙기에 접어든 불의 시대를 볼 수 있는 구멍, 즉 화염세로 향하는 차원의 문을 호주 남동부에 냈다고 결론지었다.

이제 갑작스러운 화재 네 건의 이면을 살펴보자.

한편으로는 이렇게 주장하는 것도 가능했다. 지금까지 살펴본 화재들이 오랫동안 불이 자주 일어났던 지역에서 시작했고, 인공위성에서 보면 전 세계적으로 불꽃이 수놓은 별자리가 마치 생태계에서 벌어지는 불꽃놀이처럼 화려하기 때문에, 지구상의 실제 문제들로부터 우리의 눈을 돌리게 하는 미디어의 방해라는 주장 말이다. 분명, 불은 다른 메시지에 설득력을 더하는 용도로 이용됐다. 아마존 지역과 칼리만탄을 휩쓴 불길만 해도 화재 문제나 기후 변화를 나타내는 지표가 아니라 불을 바람잡이, 기후를 행동대장으로 둔 정치 이슈이자 세계 경제의 지표였다. 인도 북부에서는 관개용 석유 펌프와 전통 화경의 접경지에서 연기가 자욱하게 피어올랐다. 시베리아에서 알래스카까지 아한대 삼림 전역에 걸쳐 화염이 얼룩덜룩하게 타오르는 이른바 '북극권 화재Fires in the Arctic'는 원시 시대부터 수관화가 일어나기 쉬운 경관에서 발생했다. 미국 남동부 코스털플레인평야Coastal plain 같은 지역은 대규모 처방 화입을 겪었다. 해마다 플로리다는 250만 에이커가 불에 탔다. 호주 북부 사바나의 대륙에 버금가는 규모의 연소 체제는 수확 이후 대규모 화입에서 이르게 찾아오는 산발적인 화재로 변했다. 전 세계 사람들은 날이 갈수록 뚜렷하게 드러나는 화재 경관의 모습을 목격하고 언론의 과장 보도에 시선을 빼앗겼다.

그러나 몸집을 불린 대화재는 오랫동안 불을 억눌렀던 농업 지역이나 수십 년간 산불이라고는 모르다가 이제야 야생형 불을 경험한 지역으로 이동하고 있었다. 이런 지역에는 텍사스주 배스트롭카운티Bastrop County, 테네시주 개틀린버그Gatlinburg, 스코틀랜드 하일랜드Scottish Highlands에서 이스트서식스East Sussex까지 불에 덴 영국 전원 황무지, 기록적인 혹서, 마른벼락과 함께 화재를 경험한 스웨덴, 독일, 이탈리아 등이 있었다. 어쩌다 크게 이는 불길은 이야깃거리였고, 그런 불길이 지역 단위로 목격되면 통계 대상이었다. 불은 연거푸 일어나며 자신만의 서사를 그렸다.

반면, 모순적이지만 타야 하는데 안 타는 이면의 지역도 있었다. 지구에서 일어나는 모든 불이 훤히 보이거나, 급작스레 발생하거나 신기한 것은 아니다. 기존 불이 안 보이게 서서히 커지는 것 역시 새로운 연소 질서였다. 불이 있어야 할 곳에 없다는 것은 눈에 잘 띄지 않아도 지나치게 타오르는 불만큼이나 치명적인 일이었다. 경제학자들이 환경 문제를 외부효과Externality로 격하한 탓에 불이 사라진 경제가 어떤지 불분명하지만, 생태계에서는 생물다양성은 물론이고 생물학적 재화와 서비스, 하천, 미래 화재의 잠재적 여파 측면에서 해가 거듭될수록 불의 부재를 여실히 느꼈다. 불을 제거하면 더 강렬한 불길이 찾아와 더 심각한 결과를 낳았다. 탄광에서 배수용으로 사용하던 초창기 증기기관처럼 화석연료 연소는 개간지로 들어가 폭발적인 연소를 일으켰다.

이것이 바로 선진국 화재 문제의 원인이었다. 미경지가 없는 지역에 불까지 없으니 북유럽 황야, 남유럽 목초지 등 문화 경관이 훼손되거나 사라졌다. 화석연료 연소로 부수적인 피해까지 발생했다. 이로운 불이 뚝 끊긴 상황은 해로운 불이 넘치는 장면에 비해 극적인 모양새는 아닌지라 매체의 관심이 덜했지만, 환경적으로 치른 대가는 그에 못지않았다.

불은 어디에서나 끄기 힘들 정도로 타오르거나, 아예 불씨 하나 틔우지 않기로 작정하고 소멸한 것 같은 극과 극의 상태 같았다. 신규 산업 지역과 화재 현장을 따라 모여들어 제멋대로 산발적으로 일어나지도 않았다. 화석연료 교통수단 덕에 인간 사회와 경제가 여러 망으로 연결되자 떨어져 있던 지역이 서로 연결됐다. 위성 사진을 보면 전 세계 화재 발생지의 화염 지리를 파악할 수 있었다. 화석연료가 일으킨 기후 변화의 여파로 보편적인 유대감이 생겨났다. 거의 모든 장소에서 불은 원인이나 결과, 아니면 촉매로서, 인간 마음대로 바꿀 수 없는 동반자였다. 게다가 일관성 있게 규모를 더해가며 새로운 세계 질서를 일궈나갔다.

현재 벌어지는 일을 파악하고 미래를 예측하기 위해 화재가 발생한 지역을 따라 선을 그어보자. 인류와 불이 써내려온 오랜 역사를 보여줄 그 선을 따라가면 예전에 맹위를 떨치던 빙하기를 닮은 듯한 불의 시대를 그릴 수 있을 것이다. 이렇게 화염세가 당도했다.

불의 시대

완연한 불의 시대는 어떤 모습일까?

홍적세 빙하기에 빗대서 개략적으로 유추하면 다음과 같다. 얼음의 역할을 불이 대신하고, 직간접적으로 영향력을 행사할 것이다. 빙하기가 한창이던 시절에는 얼음이 자신에 유리하게 세상을 바꾼 탓에 기후가 재구성되는 동안 거대한 생물지리학적 이동, 얼음의 지배력 확장, 해수면 하강, 대멸종이 있었다. 이 와중에 여러 호미닌이 등장했다가 단일 종으로 추려졌다. 마찬가지로 불의 시대에는 거대한 생물지리학적 이동, 불의 지배력 확장, 해수면 상승, 대멸종이 일어날 것이다. 불 역시 자신에 유리하게 세상을 바꾸면서 이 모든 것은 기후가 급하게 재구성되는 동안 발생할 것이다. 사실, 기후 역사는 불이 이어온 역사의 하위 개념이 됐다. 살아남은 호미닌인 호모 사피엔스는 유전 특성을 바꾸거나 멸종에 이를 것이다.

마지막에는 모든 유사성이 붕괴하고 일부는 예상치 못한 방향으로 빠르게 접어든다. 불은 물질인 얼음과 달리 반응이다. 주위를 별로 의식하지 않는 고체 상태의 단일 무기물인 얼음과 달리, 주위 모든 것을 흡수하는 악명 높은 변신의 귀재다. 얼음처럼 수십 년에서 수천 년 주기로 돌아오는 대신 돌풍만큼이나 날쌔다. 단일화를 꾀하는 모더니스트처럼 혼자서 온 세상에 지시를 내리는 얼음과는 반대로, 맥락을 고려하는 포스트 모더니스트 같은 점도 있다. 그래도 경관에 미치는 영향력은 얼음에 뒤지지 않는다. 얼음이 지난 궤적을 섬뜩하리만치 그대로 따른다. 빙하기라는 개념이 홍적세를 이해하는 데 도움이 됐듯, 불의 시대 역시 화염세에 같은 역할을 할 수 있다. 새로운 개념인가 싶겠지만, 현재의 간빙기와 함께 이어져온 시대다. 지금껏 불은 서식지를 장악하고 생명체를 길들여 수술 부위를 도려내듯 얼음을 몰아냈다.

이미 불이 존재하던 지역에서는 불이 더 많이, 더 자주, 더 크게 폭발적으로 발생할 것이다. 풀이 길게 자란 초원, 대왕송 삼림, 사워벨드, 세라도와 같은 습한 초원과 사바나, 아한대 삼림과 소택지, 지중해 관목지와 핀보스, 표면 화재 Surface Fire가 일어나기 쉬운 소나무, 참나무, 히커리, 아카시아, 미옴보 삼림지대가 화염세판 빙상이다. 이 모든 지역은 사라지지 않고 제 자리를 지키면서 불이 여러 외부 자극 중 하나로 찾아오는 데 그치지 않고 영향력을 행사하며 훼방을 놓는 모습까지 목격할 것이다. 불이 기후와 동맹을 맺고서 활동 범위를 넓히고 불에 잘 타는 생물군계가 불에 유리한 연소 체제로 자리 잡으면서 이탄, 황야, 유기질토 등 불이 간혹 붙던 지역에서는 이전보다 몸집이 커진 불을 보게 될 것이다.

화재에 취약한 곳이 내화성 지역으로 뒤바뀔 수도 있다. 개간과 벌목에 불을 촉매로 더하면 우림을 목초지와 팜유 플랜테이션으로 바꿀 수 있다. 땅은 불타고 나면 이후 불을 더 잘 받아들이기 때문에, 반복해서 타다 보면 이전 모습으로 회복되기 어렵다. 마치 스위치를 켜듯 다른 모습으로 바뀌는 것이다. 마찬가지로 민둥빕새귀리, 여우꼬리가시풀, 콩고그라스, 감바그라스와 같은 침입종 잔디는 불을 등에 업고 서슬 퍼런 가위처럼 기존 경관을 잘라내고 불에 목마른 생물군계만 남겨놓을 수 있다. 북아메리카에서 주로 세이지가 뿌리내렸던 지역 중 약 6,000만 에이커에 민둥빕새귀리가 우글거리는데 그 수는 더 늘어날 전망이다. 길고 긴 진화의 역사 동안 덥고 건조한 환경에서 C4 잔디가 출현했듯, 예전 같으면 불에 타지 않았을 생물 찌꺼기가 이제 인간이 나서서 옮기는 외래 화생 식물 탓에 불에 잘 타는 연료 신세로 전락했다.

더 왕성하게, 그리고 더 빠른 속도로 자라면서 경쟁자를 몰아내는 민둥빕새귀리 덕에 불은 더 잘 타오르면서 자리를 공고히 다진다. 침입종은 (마치 인간처럼) 끌 수도 없는 발화원에 바짝 붙어 소란을 일으키며 번성하고, 변방을 따라 자란다. 벌목이나 개간을 거친 새로운 지역으로 향하는 길로 접어들어 불을 옮기는 도화선 역할을 하면서 내화성 생태계에 균열을 내고 병을 옮기듯 불에 노출시킨다. 아마존 지역, 칼리만탄, 그레이트베이슨 등 그 규모는 대륙에 버금갈 수도 있다. 빙상 밖 광활한 지역을 뒤덮었던 다우호의 면적과 비슷할 것이다.

  영구동토층에 얼어붙은 유기질토는 열대 지방과 아한대 지역에서 불에 노출된 유기 이탄과 비슷하다. 인도네시아에서 매년 이탄 연소로 배출되는 온실가스는 화석연료 대비 10~40퍼센트로 추정된다. 몇 년간 전 세계에서 이산화탄소를 가장 많이 생성하는 원인이었다. 유기질이 풍부한 영구동토층이 노출되고 녹으면, (차가운 상태로 잠들어 있던) 바이오매스가 연료로 재탄생해 대륙 하나를 뒤덮을 정도로 온실가스를 배출하며 생태계에 자극을 가할 것이다. 자연 경관이 불에 탄 후 탄소와 영양분을 모아 새로운 생명을 틔우는 과정이 아니다. 화염이라고는 모르던 바이오매스가 오랜 시간 후 화염을 만나 가연성을 획득하는, 지질학적으로 측정 가능한 전이 과정이다. 홍적세가 탄소를 가둬 비축하고 기온을 떨어뜨렸다면, 화염세는 앞선 흐름을 거슬러 비축돼 연료로 변한 탄소에 불을 붙여 해방시키고 기온을 상승시킨다.[5]

  광범위하게 오랫동안 이어지는 불길 위로 피어오른 연기 기둥은 빙하 가장자리로 쓸려나간 모래와 실트가 펼쳐진 빙하 범람지에 비교할 만하다. 불은 얼음과 달리 물질이 아닌 탓에 땅 위에 뿌리내리지는 않는다. 대신, 생물군계를 미리 점찍어 두고 나중에 다시 찾아온다. 불이 남기는 부산물

역시 침식을 거쳐 지형에 난 틈 속에 자리 잡는 물질이 아니고 잠깐 세상 구경하다 사라지는 폐기물에 불과하다. 자욱한 연기는 철마다 찾아오는 골칫거리에서 공공 보건에 먹구름을 드리우는 존재로 거듭났다. 화염에서 멀찍이 떨어진 대도시가 도저히 끌 수 없는 화재에 영향을 받기도 한다. 2020년 8월, 덴버 공공 보건 당국은 캘리포니아와 콜로라도에서 불어오는 산불 연기와 산업 배출물이 뒤섞인 유독 물질에 노출되지 않도록 주민들에게 '가정 내 대피소' 건설을 권했다.[6]

이런 현대 도시는 빙모와 빙하 무리가 비좁게 모여 대륙 규모에 한참 못 미치는 산악빙하의 정반대 모습이다. 대도시는 세 번째 불이 타오르는 내연 기관과 산업 연소가 일구는 동력망을 중심으로 조직된 불의 무대로서 얼음만큼이나 무자비하게 경관을 재편한다. 자연 경관에서 불이 거의 자취를 감춘 지금, 그런 장소는 얼음에 이웃했던 시에라네바다산맥이나 알프스산맥처럼 암석 경관을 중심으로 완벽한 조직을 갖추고 있다.

이런 상황에서 점점 온난해지는 기후는 주빙하 효과처럼 생태계에 연쇄반응을 일으킨다. 질병과 전파 매개체를 살펴보자. 곤충의 개체 수가 급증한다. 예전에는 때가 되면 계절이 바뀌어 곤충을 떼로 보기 어려웠지만, 이제는 아주 작은 변화가 생태계에 거대한 파장을 몰고 오기도 한다. 브리티시 컬럼비아부터 콜로라도까지 우레처럼 들이쳐 지나는 곳마다 연료를 재배치하며 생태계에 대혼란을 일으킨 소나무좀 Mountain pine beetle처럼 말이다. 화재철도 길어졌다. 평소보다 이르게 봄부터 부쩍 건조하던 미국 서부가 인간의 발화 행위와 상호작용했다. 불은 합성물질과 중금속으로 채워진 현대 지역 사회에 들이닥쳐 불활성 물질을 분해하고 화학물질을 너른 주변 환경으로 해방시키는 등 마치 자연 경관에 있는 듯 활개 쳤다. 새로운 생명을 틔우는 대신, 주변을 오염시켰다. 경제 충격도 이어졌다. 2017년부터 2018년까지 이어진 캘리포니아 화재는 세계 경제 5위를 자랑하던 캘리포니아의 가장 큰 공기업을 파산으로 몰고 갔다. 보험사에서 보증을 재고했기 때문이다. 얼음과 함께 찾아왔던 이차 결과는 주로 물리적이었다. 그러나 불은 대개 생물학적이고 사회적인 결과를 가져온다.

　사막으로 눈을 돌려보자. 기존 사막 중 일부는 더 넓어질 것이다. 기후의 영향으로 여기저기서 얼음이 생기던 홍적세처럼 기후 때문에 동식물을 지탱해주던 습윤-건조 주기가 허물어지면서 초원, 관목지, 스텝에서도 사막이 나타날 것이다. 화재의 손아귀에 들지 않았다고 해서 영향에서 비켜난다고 할 수는 없다. 기후 변화처럼 연소 결과로도 생물지리를 충분히 바꿀 수 있기 때문이다.

계속 조금씩 자극하면 생물종과 생물군계 모두를 한계 이상으로 밀어붙일 수 있다. 거세게 이는 불길은 오랫동안 뜨겁게 타오르면서, 특히 자연보호구역을 완전히 파괴해 더 많은 생명을 앗아갈 것이다. 그간 시공간에서 산발적으로 등장하던 과거를 뒤로하고 쉴 틈 없이 일어나 불을 피할 수 있는 피난처도 없앤 채 서식지와 야생 개체를 회복 불능 상태로 만들 수 있다. 홍적세가 얼었다 녹기를 반복하며 다섯 번째 멸종을 일으켰다면, 화염세는 불과 함께 그다음 멸종을 재촉하고 있다. 동물상이 사라지면 연료이기도 한 식물상에 영향이 미칠 것이다. 새싹을 뜯으며 홍적세를 살았던 거대 동물이 자취를 감추자 불이 잘 이는 지역에 가연성 물질이 쌓여 갔다. 어떤 방식을 거칠지 잘 모르겠지만, 현대에 목격할 멸종 역시 불에 영향을 줄 것이다.

과거 얼음에 굴복하지 않던 지역처럼 불에 면역이 있는 경관도 있다. 너무 건조해서 얼음이나 호수가 발을 붙일 수 없는 사막에서는 묘하게도 비가 내려 잠시 연료가 자랄 때를 제외하면 척박한 탓에 불도 번지지 않을 것이다. 북극과 남극 위로 얼음만 살짝 얹히고 멀쩡했던 해양은 원유 유출과 지구 온난화를 통해 간접적으로 불의 시대를 경험할 것이다. 얼음은 녹을 것이다. 해수는 불어나고 점차 산성을 강하게 띨 것이다. 해류가 경로를 바꾸고, 산호초가 녹아내리며, 대륙붕이 확장하는 가운데 해양 생물까지 재편될 것이다. 지구를 에워싼 대기는 기후를 바꿔놓는 능력이 있어 결국 전 세계에 불을 몰고 올 것이다.

전 세계가 불에 얼마나 탈지가 중요한 게 아니다. 인류의 발화 행위와 습관이 점차 영향력을 넓히고 있다는 사실에 주

인간과 벼락에 의한 월별 미국 발화 현황

산업 사회인 미국은 세계 대부분 지역에서 나타나는 연간 화재 기본 특성을 보여준다. 압도적으로 높은 인위적 발화 비율과 계절에 따른 두 발화 원인의 점유율이 눈에 띈다. 공공 미경지가 있으면 계획적인 경우를 제외하고 인위적인 불이 억제돼 인간 발화 발생 건수가 줄어든다. 인간은 기후와 토지 사용 변화가 가져오는 기회와 영향을 주고받으며 화재철을 확장하고 있다.
출처: 미국 삼림청US Forest Service. 제니퍼 K. 볼치Jennifer K. Balch, 애덤 머후드Adam Mahood 제공, www.fs.usda.gov/rds/archive/catalog/RDS-2013-0009.4.

목해야 한다. 그간 인위적인 불은 항상 특정 지역만을 둘러싸고 밀고 당기며 그로 인해 발생하는 지역 고유 현상을 설명했다. 그러나 화염세가 지구를 장악하고 있는 지금, 전 세계에 손길을 미칠 것이다. 인정사정없이 뻗어나가던 얼음 대신 도저히 끌 수 없는 불이 우리와 함께할 것이다.

그렇다면 호미닌의 미래는 어떨까? 홍적세 당시, 그들은 얼음이 크고 작게 빚어내는 세상에 적응해야만 했다. 그러나 화염세에는 스스로 일으킨 발화 행위가 만들어낸 세상에 적응해야 한다. 호모 사피엔스는 호미닌을 비롯해 전체 종 가운데 지구를 지배하는 존재로 거듭났다. 그러나 얼음 결정을 만들고 관리하고 모았다가 없애지도, 얼음으로 음식을 가공하거나 암석, 나무, 물에서 유용한 물질을 추출하지도 못했다. 얼음이 행동에 나서면 인간은 반응할 뿐이었다. 하지만 불은 일으키거나 끌 수 있으며 마음대로 다루어 음식, 생태계, 주변 세상을 재편할 수 있다. 이런 발화는 기후 변화와 상호작용하며 화재철을 연장하고, 연소 체제를 재정립하며, 원래라면 불이 없을 곳에 화재를 일으킬 수 있다.[7]

인간은 지구상에서 일어나는 불을 자기 것으로 개조하고, 생각대로 매만지는 등 마음대로 다룰 수 있다. 그러나 불이 불러올 모든 결과를 통제할 수는 없다. 불을 상대로 지시하는 것보다 간섭받는 일이 더 잦을 것이다. 인간의 발화 활동은 기후 변화와 영향을 주고받으며 화재철을 연장하고, 침입종 풀과 만나 생물군계를 전복시킬 수 있으며, 연기 기둥을 피워 올려 독성 금속과 방사성 토양을 여기저기 옮길 수 있다. 약이 다른 약을 만나면 예기치 않은 새로운 결과를 만들어내듯, 불은 상호작용하며 화염이 다다르지 못하는 먼 곳까지 영향력을 행사하는 부차적인 효과를 일으킨다. 단순한 시너지를 넘어 규모를 논할 만한 문제다.

인류는 연소 습관을 통해 대기, 수권, 암석권에 상당히 영향력을 행사했다. 생물지화학순환 Biogeochemical cycle을 방해했고, 지구에서 에너지가 흐르는 경로를 재설정했다. 전 지역에서 홍적세가 남긴 생물종, 지형, 얼음을 종말로 몰아가고 있다. 지구를 다른 생명체는 물론이고 자신까지 거주할 수 없는 곳으로 만들고 있다. 오래전에 불과 동등한 위치에서 맺었던 원조 조약이 이제는 점점 파우스트처럼 영혼을 팔아넘긴 계약처럼 보이기 시작한다.

불과 함께하는 삶: 원리

수십 년간 미국 내 산불 관련 기관에서는 거의 만장일치로

'불과 함께 사는 법'을 배워야 한다고 반복해서 주장했다. 불은 피할 수 없는 동시에 꼭 필요한 존재이므로 모든 경관에서 불을 제거하려는 시도는 옳지 않으며, 무분별하게 진압을 시도하는 대신 불과의 관계를 재조정해야 한다는 내용이었다. 처음에 주로 주목한 곳은 황야였다. 그러나 화염세가 지구 전체를 휩쓸 것이 분명한 지금, 우리는 인류의 모든 발화 행위에 집중해야 한다.

  무슨 의미일까? 불은 사라지지 않으며 다양한 화재 상황에서 우리에게 불을 몰아낼 여력이 없다는 사실을 알아야 한다는 말이다. 불은 야생 언저리에서 우리 삶의 중심으로 이동했다. 그 결과, 자연 경관에서 등장하는 불만큼 산업 사회의 불이 일으키는 생태 역시 눈여겨봐야 한다. 우리는 산업화를 거치는 동안 불을 쫓아내지 않았다. 불을 기계 안으로 옮겨 넣고, 여러 경관에서 길들였던 불을 야생형 불로 대체했을 뿐이다. 다르게 생각하면, 전원 지역이나 황야에서 몰아낼 수 없던 불을 우리가 생활하는 구축 환경 밖으로 쫓아낼 수 있다고 볼 수 있다. 즉, 세 번째 불을 줄이고 두 번째 불을 늘려 세 가지 불의 균형을 되찾을 수 있다는 뜻이다. 불과 대립각을 세우기보다 함께 머리를 맞대는 사이가 될 수 있다. 불구대천의 원수가 아니라 다시 한번 세상 어디에도 없는 친한

친구 사이로 되돌아갈 수 있다.

새로운 학문도 다양한 지식도 필요하지 않다. 우리는 (탐욕에 젖어 잊었을 뿐) 이미 무엇을 해야 할지 안다. 화석연료를 다른 에너지원으로 대체할 필요가 있다는 사실을 안다. 하천처럼 중요한 자산과 지역 사회를 해로운 불에서 어떻게 지킬지도 잘 알고 있다. 게다가, 대다수의 생물상이 견딜 수 있는 범위 안에서 이로운 불을 경관에 되돌려놔야겠다고 느낀다. 이때, 피스톤을 구동하는 정밀한 공학이 아니라 불의 엉성하고도 잘 변하는 성질이 회복력을 쌓아 나가는 자산이다. 다양한 데다 저마다 특색 있고, 종종 겹치기도 하지만 서로 다른 지역에서 두각을 드러내는 처방 화입의 힘을 빌려 필요에 맞게 불을 통제할 필요가 있다는 것도 안다. 말이 쉽지, 숱하게 결정을 내리기를 반복해야 단 하나의 최종 선택에 이를 수 있다. 그렇지만 모든 단계와 요소를 분석할 필요는 없다. 이로운 불이 다 해결해 줄 것이기 때문이다. 불은 합성한다. 우리가 허용한다면 가장 강력한 슈퍼컴퓨터보다 나은 성능을 자랑할 것이다. 따라서 우리는 컴퓨터 시뮬레이션이 아니라 진짜 불을 경험하며 학습해야 한다.[8]

만반의 준비를 하고 야심 차게 나선 혁명조차 느리고 불완전할 것이다. 개선해야 할 문제가 대기, 해양, 토양, 육상 생물 안에 단단히 자리 잡은 상황이기 때문이다. 과거 화석연료에 지나치게 탐닉한 탓에 머리가 깨질 듯한 숙취처럼 오래가는 후유증이 남았다. 당장 내일 화석연료를 그만 쓴다고 해도 얼마나 적극적으로 노력하느냐에 따라 수십 년, 어쩌면 수 세기에 걸쳐 넘쳐나는 온실가스를 대기에서 몰아내야 할 것이다. 기후 변화는 오랫동안 걱정거리로 남을 것이다. 마찬가지로, 자동차 연료를 재생에너지로 대체하고 불 대신 비료, 살충제, 제초제를 사용한다고 해도 동력원만 바뀔 뿐 기존 생활 방식은 바뀌지 않을 것이다. 다른 방식으로 동력을 공급해도 우리가 살아가는 경관은 화석연료 시대에 일군 모습 그대로일 것이다. 자동차에 연료 탱크가 아닌 배터리를 장착해도 우리는 여전히 자동차를 타고 아스팔트 도로 위를 달릴 것이다. 교외 역시 변치 않고 산불 위험에서 벗어나지 못할 것이다. 온실가스 배출량을 줄이기야 하겠지만, 주변에서 일어나는 불을 지금과 달리 잘 수용하는 완전히 다른 세상을 만날 수는 없을 것이다.

안정적인 기후에 불안정한 토지 사용. 산업 사회에서 화재 위기를 초래하는 공식이었다. 그러다 불 때문에 불안정해진 기후가 전 세계에 영향을 미치기까지 했다. 이제 이런 세상이 지속될 것이다. 산업 연소를 중단해도 해로운 불을 몰아내지도, 이로운 불을 보장할 수도 없다. 선진국 기준, 최소 1세기 이상 필수라고 생각한 적도 없는 방식으로 불을 관리해야 한다.

지구는 하나가 아니라 세 가지 불을 품고 있다. 이 모든 불이 상호작용하며 생태계에 여러 이상 현상을 일으키고 수많은 혼란을 불러내는 예상치 못한 결과가 앞으로 다가올 불의 생태를 정의할 것이다. 세 가지 불은 여러 시공간 속에서 서로 경쟁하고 보완하며 결탁한다. 그러나 따로 주변 환경을 통합하고, 기후뿐만 아니라 지구 전체가 대격변을 겪는 전 세계적 변화가 더욱 분명해지면서 각자 반응할 것이다. 이후, 서로의 존재와 서로가 일으킨 화재가 지나간 경관에 반응할 것이다. 세 가지 불은 우리의 통제력은 물론이고 어떤 통제가 효과를 거둘 것이냐 하는 예측까지 뛰어넘을 가능성이 크다.

몇 가지는 확실해 보인다. 직접 일궈낸 구축 경관에서만큼은 우리가 상대적으로 우세하다. 도시를 전원 지역과 같은 자재로 건설하던 시절에는 대개 자연적인 주기를 따라 화재를 경험했다. 그러다 산업 사회에 접어들어 가연성 재료를 피하면서 더 엄격하게 규정을 마련하고 지구 구획을 하다 보니 과거 주기에 작별을 고할 수 있었다. 한동안 대도시 경계

너머로 번성하던 준교외 지역은 규제에서 벗어난 듯했지만, 착각이었다. 예전 환경을 다시 조성하니 옛날 그 불이 돌아왔다. 마을을 화염으로부터 보호하려면 과거에 도시에서 불을 멎게 했던 바로 그 방법을 다시 알아내면 된다. 그러나 도시 주거지가 아니라 황무지처럼 취급한 것이 문제였다. 야생에 집 몇 채 지어놓은 게 아니라 야생 느낌이 나는 마을인데 말이다. 현대 도시는 야생과 달리 마구 활개 치는 화염을 원치 않는다.

전원 지역에는 대처하기 더 어려운 문제가 닥칠 것이다. 여기서는 역설적이게도 더 많은 불과 함께해야 앞으로 있을 불의 시대에 대처할 수 있지만, 대신 세 번째 불에서 두 번째 불로 이동해야 한다. 파라다이스 타운을 쑥대밭으로 만든 것처럼 폭풍에 아크가 생겨 산불을 일으키는 전선, 산업 연소 배출물과 함께 뒤섞여 뉴델리에 스모그 한 바가지를 냅다 들이붓는 펀자브 지역 전통인 그루터기 태우기, 해밀턴, 미줄라 등 계곡 마을을 연기로 뒤덮을 수 있는 로키산맥 야생의 복원된 불 등 해로운 불을 일으킬 방식은 배제해야 한다. 과거에는 온화했던 불이 이제는 문제를 일으킬 수 있다. 반면 문제 있는 연소를 이로운 불로 전환하려는 방식도 있다. 호주 북부에서는 웨스트아넘랜드 산불 경감 프로젝트 The West Arnhem Land Fire Abatement Project를 통해 세 가지 불을 어우러지게 하려고 노력한다. 이른 시기에 잔잔하게 불을 일으키는 호주 원주민의 전통 연소 체제로 늦은 시기에 크게 휩쓰는 불을 대체하고 있다. 그 결과 많은 나무를 살려 탄소를 더 많이 잡아 놓을 수 있다. 게다가, 기발하게도 BHP의 아라푸라해 연안 천연가스 프로젝트 덕분에 탄소배출권을 판매해 생긴 기금으로 작업을 진행 중이다. 세 번째 불에서 얻은 돈으로 탄소를 더 많이 저장하고 건강한 생태를 강화하는 두 번째 불을 복원하는 것이다.[9]

차원이 다른 더 기묘한 방식도 있을 것이다. 마을과 중요 생태계를 위협하는 연료를 줄이는 통제 발화, 저장된 탄소와 울창한 숲을 대형 산불로부터 보호하는 작은 불, 한 치 앞도 보이지 않는 연기 기둥을 손 쓸 수 있는 연기로 대체하며 생물군계에 안정을 가져다주는 이로운 불, 중재를 동반하는 촉매를 이용한 불 등 엄청난 통합 능력을 갖춘 불은 알아서 우리가 접근하고 개입할 수 있는 많은 지점을 만든다. 현재 가진 지식만으로는 불이 일으킬 것이 분명한 놀라운 상호작용의 결과 중 극히 일부만 그려볼 수 있다.

불에는 세 가지 종류가 있다. 자연에서, 인간 손에서, 산업 사회에서 생긴 불이 자연 경관과 암석 경관이라는 두 연소 영역에서 타오른다. 이제는 미래를 위해 하나를 빼고 불을 두 종류로 나눠야 한다.

불과 함께하는 삶: 실천

불의 시대는 전 세계에 찾아오지만, 불은 국지적으로 일어난다. 들판을 불태워 농경지를 확보하는 농법만 해도 화전이라는 통칭이 있지만, 지역과 민족에 따라 명칭이 수백 개에 달한다. 마찬가지로, 땅 위에서 우리가 불과 맺는 관계에 따라 실천할 수 있는 전략도 수백 개이지만, 크게는 네 가지로 나눌 수 있다. 우리는 불을 자연에 맡길 수 있고, 통제 화입으로 대체할 수도 있다. 아니면 어떤 종류든 불이 타오르는 환경을 바꿀 수 있고, 화재 발생 자체를 억제할 수도 있다. 무엇이 맞을까? 전부 맞는 방식이다. 때로는 모든 방식을 사용하되 각기 비율을 다르게 적용할 필요도 있다.

자연에 맡기기

자연에는 인간 세상의 도구보다 더 많은 경로가 있고, 게놈과 생물군계에 인간의 생각보다 더 많은 정보가 암호 상태로 들어 있다. 따라서 자연 스스로 변화무쌍한 연소 체제를 헤처 나가게 하는 것이 터무니없는 생각은 아니다. 자연은 오랜 세월 제자리를 지키면서 태곳적 얼음 창고와 온실 같은 기후를 경험하며 불을 수용했으며 최소 다섯 번의 전 세계적 멸종에서 살아남았다. 이런 이력 앞에서 인류는 야망을 접어야 한다. 인간이 모욕적인 행위를 멈춘다면 자연은 스스로 치유 방법을 찾을 것이다.

인간은 야생과 주거지가 분리돼 있을 때 가장 잘 대처한다. 예를 들면 경제, 생태, 소방 분야에서 개입하지 말고 그대로 놔두자고 주장하는 주극 아한대 환경 Circumpolar boreal environment이 그러하다. 캐나다는 전통적으로 위도 약 60도를 통제선으로 설정하고 그 너머에서 발생하는 불은 진압하지 않기로 했다. 러시아에서 타이가는 대개 상업 벌목과 채굴 영역 밖에 있어 불에 타도 내버려둔다. 진압을 해도 초반에 실패하면 통제보다는 방치하는 편이 더 효과적이라 역시 그냥 둔다. 그러나 야생과 주거지의 경계가 모호해지고 고위도 지역에서 지구 온난화가 더 극심하기 때문에 더욱 위험해지고 있다. 유기질토와 영구동토층에 매장된 엄청나게 많은 탄소가 불 덕분에 자유를 만끽하면 대기 중에 온실가스가 마구 분출될 것이다. 새로운 체제로 전환되는 과정을 관리하면 아마도 남길 것과 개입할 것 사이에서 휘청대며 줄타기를 해야 할 것이다.

알래스카에서는 이 개념을 생태학적으로 유리하게 개선했다. 1959년 알래스카주 편입법Alaska Statehood Act, 1971년 알래스카 원주민 청구권 해결법Alaska Native Claims Settlement Act, 1980년 알래스카 국익 토지 보존법Alaska National Interest Lands Conservation Act을 제정하며 토지 소유권과 함께 화재 책임까지 재분배했다. 화재가 잘 일어나는 광활한 이 지역은 대부분 야생보호구역과 합법적 미경지여서 사람 구경하기 어렵다. 기관에서는 머리를 맞대고 쓸모없는 화재 진압 정책을 대체할 새로운 소방 계획을 수립했다. 도시와 마을 밖에서 불이 타오르면, 내버려두거나 강과 같은 천연 장벽을 따라 타도록 느슨하게 유도하는 방식이다. 소방 비용과 능력을 계산하고 불 의존성 삼림에서 화재가 가져오는 생태학적 이점까지 고려한 계획이다. 결과는 자연 체제를 예상한 모습에 꽤 근접한다. 주민이 적은 오지라면 이런 계획을 적용할 수 있다.

아한대 생물상이 너무 방대하고 소택지와 영구동토층에 단단히 매장된 토양 내 탄소가 이미 탄소에 버무려진 대기로 방출된다는 전망에 우려해 연소를 제한하자는 요구가 있을 수도 있다. 이 경우, 아한대 삼림에서 통제 수관화와 같은 일종의 부분 연소를 고려할 수 있다. 또는 화재에 곧바로 피해를 볼 수 있는 곳에 인류가 온전히 관리할 수 있는 자원을 집중해볼 수도 있다. 광활하지만 선택의 폭이 좁은 지역에서 인류는 구체적인 미래를 자연에 맡긴 채 자연이 원하는 방향으로 나아갈 수 있다.

  이 전략은 자연보호구역이 자연환경과 과정을 최대한 보존하려는 목적을 가질 때도 유용하다. 캘리포니아주 요세미티Yosemite, 세쿼이아Sequoia, 킹스캐니언Kings Canyon 국립공원의 높은 계곡, 뉴멕시코의 모골론산맥Mogollon Mountains의 황야, 로키산맥 북부의 셀웨이비터루트 황야Selway-Bitterroot Wilderness에서는 1970년대부터 벼락으로 인한 화재 중 상당수를 진압하지 않고 제멋대로 타도록 내버려뒀다. 화재 진압 프로그램이 개입하기 전까지는 이미 탄 대지 위로 새로운 불길이 타오르기를 반복하며 화재 결과를 켜켜이 쌓아 불의 거동을 가늠할 수 있는 기초 지식을 틔워냈다. 불에 닿지 않아 열처리 효과를 누리지 못한 주변보다 더욱 견고한 경관이 조성됐다. 그러나 이런 전략은 복원에 사회 정서를 집결시키고 문화 자본을 끌어올 뿐 복잡한 도시 경관으로 확장하기에는 무리가 있다.[10]

야생형 불을 통제형 불로 대체하기

불이 앞으로도 있을 것이며 있어야 한다면, 우연히 발생한 불을 구미에 맞게 대체하자. 벼락, 사고, 방화로 인한 불을 계획을 세워 통제 화입으로 바꿔나가자는 말이다. 불은 우리 호모 사피엔스 이전부터 있던 고대 기술이다. 우리가 한 일이라고는 잿더미를 뒤지는 대신 화로로 요리를 하고, 경관에 불을 질러 살기 좋고 위험하게 탈 가능성이 낮은 지역을 확보한 것뿐이다.

위와 같은 배경을 바탕으로 등장했던 두 번째 불은 그간 세 번째 불의 피해자 신세였지만, 다시 두각을 나타내기 시작했다. 이유가 있다. 일상적인 연소가 자취를 감추자 많은 불이 완전히 통제할 수 없을 정도로 타오르며 해를 끼쳤고 똘똘 뭉쳐 있던 생태계가 흐트러지며 생물군계가 썩어들어가고 환경이 불안정해졌다. 20세기 후반, 미국에서는 처방 화입과 같은 계획적인 연소를 통해 공유지와 사유지에서 불을 되살리겠다는 계획에 집중했다.

1942년, 레이먼드 코나로Raymond Conarro는 무책임한 화입 풍습과 무분별한 화재 진압 사이의 타협점 정도로 생각하며 '처방 화입'이라는 명칭을 내놨다. 실무자들이 과학적으로 파악하고 조직적인 훈련을 거쳐 통제권을 쥔, 아니 쥔 것처럼 보이는 행위였다. 처방 화입은 남동부 해안 평원에 펼쳐진 대왕송 사바나에서 최초이자 최고로 번성했다. 특히 오랫동안 불을 배제하려는 움직임에 저항하던 플로리다주는 여러 기관에 걸쳐 일상 연소 정책으로 완전히 돌아섰다. 미국 어류 및 야생동물관리국US Fish and Wildlife Service은 1930년대에 처방 화입을 채택했고, 1940년대에 미국 산림청US Forest Service에서, 1950년대에 미국 국립공원 관리청National Park Service과 플로리다주 삼림청Florida Forest Service에서 채택했다. 1960년대에 톨 팀버스 연구소의 홍보로 미국 국립공원 관리청에서 조직 전체의 정책 개혁 기본으로 삼았으며, 1970년에는 삼림청에서도 같은 길을 따랐다. 옹호자들은 황야와 오지에서 타오르는 자연 화재를 통합하기 위해 자연 처방 화입Prescribed natural fire이라는 개념을 발전시켰다. 1978년이 되자 처방 화입은 국가 정책의 기본으로 자리 잡았다.

   처방 화입은 축구 세트피스처럼 날짜, 시간, 장소, 조건, 결과를 세세히 정한 후 실시한다. '자연' 처방 화입은 벼락의 간택을 기다려야 하지만 정해둔 교본을 따르기도 한다. 원래 처방 화입은 추운 계절까지 포함해 소나무 사바나 경관이나 소나무 농장에서 자주 일어났다. 이런 형태가 거듭되다 다른 계절에도 더 뜨거운 불을 일으키는 식으로 진화했다. 플로리다 전역은 불이란 불은 거의 다 받아들였다. 플로리다는 1년에 두 번 불탄다는 옛말이 있을 정도다. 자연 방목 덕에 화입 풍습이 절대 사라지지 않는다는 점도 힘을 실어줬다. 1990년, 탈출 화재Escaped fires에 관한 우려를 줄이기 위해 책임 기준을 개정해 연소를 장려하는 처방 화입법Prescribed Burning Act이 제정됐다. 플로리다식 교본은 남동쪽 전역을 거쳐 그 너머까지 퍼졌다.

결국, 플로리다 방식은 휴면기에 실시하던 상대적으로 균일한 스트립 파이어링Strip firing에서 사시사철 더 광범위한 영향력을 행사하는 혼합 연소 체제로 이동했다. 그러나 처방 화입을 넓은 지역에 걸쳐 적용하려면 시간과 장소를 가리지 않고 날쌔게 움직이며 광활한 경관과 기나긴 화재철 내내 타오르는 불이 필요하고, 시뮬레이션보다 실전에 바탕을 둬야 한다. 여기에 과학이 이래라저래라하는 대신 힘을 보탤 것이다. 즉, 처방 화입은 불이 일상적으로 존재했던 시절의 양상과 발화 행위를 원형에 가깝게 모방할 것이다. 할 일이 정해진 세트피스라기보다는 불을 찾아 나서는 과정이라고 봐야 한다. 기후 변화는 위협이지만 기회이기도 하다. 처방 화입은 상황에 맞게 진화해야 할 것이다.

그러나 처방 화입은 미국 서부에서 교착 상태에 빠졌다. 이유는 다양하다. 일단 지형이 다르다. 산이 많고 돌풍이 자주 일어나며 생물학적으로도 다양하다. 문화적 지리도 마찬가지다. 도시가 더 들어차 있고, 정부에서 관리하는 지역이 많고, 최근에 정착이 이루어진 곳이며 화입 풍습이 없다. 그 결과, 처방 화입은 서부에서 불을 되살리기 위해 필요한 규모만큼 확장할 수 없었다. 자연 처방 화입도 휘청했다. 통제를 넘어서는 불을 멎게 할 방법이 거의 없었기 때문이다. 불은 대개 얌전히 뭉근하게 탔지만, 그중 일부는 거세게 타오르며 탈출 화재까지 일으켜 큰 피해를 주고 정치적 혼란을 초래했다. 탈출 화재가 생명을 앗아가고 가옥을 불태우며, 지역 사회를 연기로 가득 채웠다. 1988년 자연 처방 화입이 옐로스톤 국립공원Yellowstone National Park의 40퍼센트 이상을 태웠다. 2000년에는 탈출 화재가 국가 핵무기 연구의 본거지인 뉴멕시코주 로스앨러모스 전역에 난입했다. 2012년, 덴버시의 하천 환경을 개선하려 시행했던 로어노스포크Lower North Fork 처방 화입에서 탈출 화재가 발생해 가옥 22채를 태우고 주민 3명의 목숨을 앗아갔다. 이렇게 변질된 사건은 전체 처방 화입에 영향을 미친다.[11]

  미국 서부에는 이제 다른 것이 필요하다. 이미 처방 화입에 화재 진압을 더한 융합 방식을 시험 중이다. 이것이 관리형 산불Managed wildfire이라는 개념이다. 소방관들이 그간 주목하지 않았던 방향으로 시선을 돌린 것이다. 모든 불을 문제라고 생각하는 대신, 기회가 될 수 있는지 궁금해한다. 일부 소방관 말처럼 유죄로 판명나기 전까지 불은 무죄다. 화재가 (지역 사회 등) 고가치 자산을 위협할 가능성이 있다면, 소방관들은 해당 지역을 집중 진압한다. 광범위하고 오랫동안 타오를 때도 있지만 별로 위협적이지 않은 화재가 발생하면, 다 타서 사그라들 수 있는 지역으로 ('구획을 그려') 몰아낸다. 그 결과, 긴급 상황에서 진압과 처방 화입이 절반씩 어우러진다. 마치 호랑이 등에 탄 듯 위태로운 상황이다. 결과가 미리 정한 목적에 부합하리라 장담할 수 없고, 불이 대체로 처방한 허용 범위 내에서 타오를 것이라는 예상뿐이다. 그래도 관리형 산불은 지상에서 변화를 끌어낼 만큼 이로운 불을 일으킬 방법이다.

한편, 미국 서부 여러 곳에서 시행되며 호주에서 가장 견고하게 발달한 더 세심한 캠페인이 '문화 화입'을 촉진하고 있다. 발화 행위를 복원해 원주민의 토지와 문화 모두를 되살리겠다는 포부를 품은 움직임이다. 화재 진압은 식민 활동의 일부였다. 불을 복원하면 당시 잃었던 것 중 일부를 복구할 수 있다고들 생각한다. 불이 개혁을 일으키며 문화유산을 되살리고 오랫동안 이어져온 유서 깊은 경관을 되돌리는 촉매로 작용하는 것이다. 문제는 식민지 환경에만 국한되지 않았다. 유럽에서는 엘리트들이 불을 사용하는 것을 원시적이고 비합리적이라고 비난하는 바람에 정착민들 사이에서 전통 지식을 활용할 수 없었다. 지금껏 소개한 상황에서 불과 관련된 문화를 되살리는 일은 더 큰 개념인 문화적 정체성 측면에서 중요하다.

새롭게 등장하는 여러 주장을 보면 처방 화입이 다양하다는 사실을 알 수 있다. 처방 화입은 저마다 연료가 될 만한 물질을 줄이며, 생태계를 튼튼하게 구축하고, 전통과 문화유산을 되살리려 한다. 게다가 속박된 자연을 해방하려 하고, 마을 사람들을 위협하지 않고 관광지에 연기를 피우지 않으며 헛돈 쓰지 않으면서 지상에 불을 붙이고자 한다. 정기적으로 실시할 필요가 있고 모든 이에게 항상 완벽하게 효과를 거두지는 않지만 운에 맡기는 것보다 낫다는 점에서 스테로이드보다는 독감 백신 같다. 영웅적 행위라기보다는 봄맞이 대청소와 비슷하고, 응급실보다는 건강 관리 프로그램에 가까운 생태학적 유지보수 활동이다. 그러나 어떤 처방 화입을 선택하든 의식처럼 끝없이 타오르는 온갖 종류의 이로운 불이 지금보다 더 많이 필요할 것이다. 불은 영원할 것이다.

불이 타오르는 환경 바꾸기

불은 연료, 즉 자연 경관 속 바이오매스를 먹고 살며 번진다. 따라서 연료의 배열을 바꾸면 불을 바꿀 수 있다. 우리는 산을 옮기고 바람 방향을 옮기거나 가뭄을 막을 수는 없다. 대신 나무, 관목, 강풍에 쓰러진 나무, 낙엽과 나뭇가지 더미, 풀을 재배열할 수는 있다. 사람의 요구에 맞춰 환경을 재편하는 것은 물론 농업의 전제다. 그리고 (이론상) 전반적으로 우리가 통제할 수 있는 구축 경관의 토대이기도 하다.

이 방법은 예로부터 전해져온 또 다른 전략이다. 화재가 일어나기 쉬운 환경에서 사람들이 살아남은 방법이다. 가장 간단하게 연료 배치만 바꿔도 불에 잘 타는 죽어 있는 가연성 물질을 제거하고, 탈 확률이 적은 살아 있는 가연물을 촉진하는 선제적 화입을 일으킬 수 있다. 들판과 목초지를 경작하고, 자연 경관을 정원, 경작지, 소규모 방목장으로 전환해도 같은 효과를 거둘 수 있다. 불연성 물질 또는 합성물로 건설되거나 자연보다는 인간 사회에 맞게 구성돼 불의 확산을 저지하는 구조를 가진 도시도 마찬가지다. 손에 쥔 것을 통제하려 할수록 불을 더 옥죄게 된다.

유럽에서 오래전부터 사람들이 집중적으로 거주한 곳은 사전만 봐도 화재가 일어나기 쉬운 환경이라는 사실을 알 수 있는 남쪽의 지중해성 기후대다. 그루터기를 없애고 휴경지를 만들거나 방목하기 위해 불을 지르는 등 폐쇄 농업과 방목으로 살아남은 지역이다. 사람들은 들판에 원예 목적으로 작은 불을 자주 일으켰다. 불을 내 수목을 베어내고 잔해를 제거하고 딸기류 과실수를 가지치기했으며, 올리브와 견과류를 수확하기 전에 땅을 말끔히 정돈했다. 불이 소규모에 철저히 관리되는 연료를 바탕으로 타고, 어쩌다 잉걸불이 생겨도 모조리 진화되기 때문에 화재 통제가 쉽다. 산불은 전쟁, 폭동, 기근, 전염병으로 사회 질서가 무너질 때, 경관을 더는 꼼꼼히 관리하지 않을 때, 정원이 시들해지고 들판이 황폐해질 때만 발생한다. 대혼란이 지나면 불이 등장하는 것이다. 그런 환경에서 불은 사회 질서를 보여주는 지표다.

  이 전략은 불이 좀처럼 자연에서 생기지 않고 사람이 일으켜야만 보이는 온대 유럽에 특히 적절하며, 화재를 바라보는 유럽인들의 생각을 뒷받침한다. 사회 질서는 전원 지역의 특성을 결정하고, 전원 지역의 가연성 물질이 불의 종류를 결정한다. 이 모든 것이 유럽에서 불을 도구이자 인간 존재의 척도로 생각하는 이유를 잘 설명하는 데 도움이 된다. 오랫동안 사회를 위해 불의 생태를 무시한 유럽 농학자들이나 미국 전역의 화재 현장을 '잘못된 습관과 도덕적 해이'라고 묵살했던 프로이센 출신 미국 최초 전문 삼림 관리인인 버나드 퍼나우의 사상적 근거도 보여준다. 또한, 유럽 전체 산불 중 대다수가 현대 경제 체제로 인해 인구가 줄어든 화재 다발 지역인 지중해 유럽에서 발생하는 이유를 설명한다.

이는 적극적인 토지 관리를 소방 활동의 기본 원칙으로 주장하는 이유를 설명하는 데도 유용한 전략이다. 솎아낸 숲과 관목지, 방목이나 불길을 경험하고 휴면 중인 초원은 불이 거동하는 방식과 불러올 결과에 영향을 줄 수 있다. 그러나 개입이 화재 현장을 악화시키기도 한다. 벌목하고 남은 밑동은 지구상에서 그 어떤 것보다 잘 타는 연료다. 과방목은 다년생 잔디를 짓밟고 민둥빕새귀리처럼 불에 목마른 잡초로 경관을 바꾸거나, 적삼목과 같은 수목이 불에서 얻을 수 있는 꼭 필요한 효과를 상쇄하거나 삭제하는 계기를 제공한다. 도구와 행위에 따라 결과는 달라진다.

우리는 일단 불의 기본 원리에 맞게 개입하는지를 살펴야 한다. 불은 빠른 소규모 발화에 민감하고 관목과 드넓은 초원, 지표와 수관, 임관과 임관을 이어주는 가연성 물질이라는 결합 조직에 잘 반응한다. 생물이 아무리 커도 축축하면 화염을 전달할 수 없다. 모든 생물을 연료로 쓸 수 있는 것도 아니다. 벌목하면 큰 몸통이 사라지고 작은 밑동만 남는다. 그러나 불은 큰 몸통을 남긴 채 작은 밑동을 태운다. 손에 꼽을 정도로 거센 산불 이후에도 남아 있는 것은 벌목 대상이었을 나무 몸통이다.

그러나 처방 화입처럼 벌목, 방목, 재배와 수확에도 처방을 적용하는 것 역시 상상 가능하다. 그런 개입의 유용성은 규모와 목적, 즉 완전무결한 생태계를 강화할지 아니면 단순히 복잡한 생태계를 탄화수소 덩어리와 대량 상품으로 취급할지에 달렸다. 지중해 유럽의 화재 문제는 수 세기 동안 경관을 형성했던 경작과 방목을 시대에 맞는 모습으로 복원하자 크게 줄었다. 외관은 예스러워도 내부는 현대식으로 꾸민 고풍스러운 건물처럼 구축 경관을 대한 것이다. 북아메리카 서부의 야생 지역은 수천 년간 불을 피우며 살았던 원주민 풍습을 현대적으로 변형해 효과를 볼 수 있었다. 땅을 무분별하게 사용하고 통제 화입 자체를 부인하면, 꼼짝없이 마주하고 마는 야생형 불에 맞서겠다고 더욱 큰 기계에 의존해봐야 소용없을 것이다.

불 몰아내기

마지막 선택지는 불이라는 존재 자체를 제거하는 것이다. 발화를 막고 이미 생긴 불이 번지기 전에 진압한다는 뜻이다.

불이 멎는 것은 발화라는 동전의 뒷면이다. 불이 번지는 양상에 영향을 미칠 수 없다면 불을 붙이는 것은 파괴 행위와 마찬가지다. 전통적으로 번지는 불을 멎게 하는 방법은 화염을 잠재우고, 연료 공급을 중단하고, 맞불을 놓는 것뿐이었다. 불을 끄기 위해 불을 질러야 했다. 불이 타오르다 잦아드는 모양새는 통제 발화와 비슷할 수 있다.

다른 모든 발화 행위처럼 연소 변이 역시 자연 속에 있던 불을 쓸어버렸다. 물과 화재 지연제를 살포하며 화염을 없애고 기계식 쟁기, 날, 톱으로 연료를 제거하는 내부 연소로 활개 치던 화염을 대체했다. 맞불을 산업 연소로 대신했다. 도시에서는 이 모든 것이 좋은 방향으로 작동했다. 전원 지역, 특히 야생에서는 화재 경관이 모든 제약을 요리조리 비켜나갈 때조차 정치판이 만들었을 통제의 모습을 한 보호라는 환상을 심었다.

산업 연소는 자유롭게 타오르며 여기저기 세력을 떨치는 화염과는 절대 승부할 수 없다. 연료와 기후를 광범위하게 바꾸는 데 중점적인 역할을 맡고 있으며 작은 화재에 물, 흙, 인력을 투입해 진압할 수는 있다. 그러나 큰불을 일으켰던 가뭄과 강풍에는 효과가 없었다. 화재 진압은 피해 지역 대부분을 태우고 큰 피해를 주며 복구액을 경신하는, 몇 없는 폭발적인 화재와 수많은 소규모 화재로 자연을 이원화해 마치 재벌과 노동 계급처럼 양극화하는 데 일조했다.

화재 진압은 개념 자체가 아니라 구축 환경 밖에서 일어난 불에 반응하는 유일한 전략으로 호소하는 점이 문제다. 경관에서 잠시 해로운 불을 몰아낼 수 있지만 이로운 불을 일으킬 수는 없다. 더 나은 통제를 약속해도 불이 일어날 자연적인 기반이 없고, 불이라는 존재가 전적으로 우리의 손바닥 위에 있을 때만 성공을 거둘 수 있다. 사람들이 화재 경관을 통제할 수 있을 때만 소방 활동에 도움을 줄 수 있다. 그 외에는 효과적인 대체물 없이 방해만 될 수 있다. 화재 진압은 생태계에 일어난 폭동을 진압하기 위한 전략이지 생태계를 다스리는 수단이 아니다.

불을 몰아낸 여파는 새로운 세대가 어린 시절에 알던 자연이 원래의 모습이라는 사실을 깨닫고 이전 체제가 더는 보이지 않을 때까지 수년, 심지어 수십 년간 드러나지 않을 수 있다. 그러다 풀과 낮은 관목을 타고 지표화가 빈번하게 일어나는 연소 체제에서 가장 먼저 모습을 보인다. 초원뿐 아니라 참나무와 히커리가 우거진 삼림지대에서도 변화가 감지되며, 번식하면서 웃자란 폰데로사소나무와 대왕송을 타고 지표에 있던 화염이 수관까지 번진다. 내화성 생물종보다는 화재에 민감하며 미기후를 바꿔놓는 나무가 넘쳐나는 체제에서도 여파가 금세 드러난다. 로지폴소나무와 방크스소나무, 가문비나무처럼 불길이 자주 일지 않아도 재빨리 수관화로 번지는 곳에서는 한날한시에 나고 자라 불이 먼 거리까지 면을 그리며 타오를 수 있도록 도와주는 동령림에 유리한 구역이 사라져 더디 나타난다.

완벽보다 연습

한 가지 일만 하는 경우가 드문 불처럼, 화재 전략도 서류철에 정리해 상자에 보관할 만큼 단순하지 않다. 변화무쌍한 불이니 대응도 다양해야 한다. 불은 주변에 어우러지며 현대 화재 관리에서 바라 마지않는 명확성을 뒤흔든다. 화재 관리는 점점 더 샐러드처럼 변해간다. 환경이 급속하게 너무 많이 바뀌면서 체제가 뒤섞이고 대응이 맞부딪치며 화재 경관이 하루가 멀다고 달라질뿐더러 지식이 한데 모인다. 통합하는 특성 때문에 불을 모델링하기 어렵지만, 대신 개입할 여지는 많다. 앞으로는 특정 장소에 맞춘 혼합 대응이 필요할 것이다.

 과거에는 하나씩 따로따로 시행하던 발화 행위도 이제는

여러 가지를 한꺼번에 적용한다. 처방 화입은 농업이나 플로리다 방식처럼 미리 정해진 화재지만 화재 진압의 일부로 대규모 전소까지 포함된다. 문화, 생태, 농업, 위험 저감 등 화입 앞에 붙이는 말도 다양하며 박스 앤드 번Box-and-burn(화입에 앞서 화입 지역의 주변을 사각 테두리로 설정하고 그 바깥을 먼저 태우는 것 – 옮긴이)이라는 방식도 있다. 화재 진압 역시 마을, 전원 지역, 야생까지 아우르며 각지에 적합한 장비, 전술, 목적, 화재 문화가 존재한다. '통제'라는 단어의 정의도 다양하다. 잉걸불까지 포함한 완전 진화, 주변 통제, 또는 특정 지역으로 불을 가둬 통제하는 것까지 의미한다. 화재 경관에는 자연보호구역, 휴양지, 합법적 미경지, 플랜테이션, 분산 주거지, 이동 주택 주차장 등이 포함될 수 있다. 과학적으로는 그간 경관 화재 영역으로 고려된 적 없는 분야까지 확장해서 이해해야 한다. 호주 우룬제리Wurundjeri족부터 캘리포니아주 카룩Karuk족에 이르는 전통적인 생태 지식을 통합하고, 캔자스주 플린트힐스의 목초지 화입, 플로리다주의 자연 방목 화입, 남동부 연안 평원 레드힐스의 주거지 화입 등 기존 화재 문화에 담긴 민간 전통을 수용해야 한다.

    지금껏 소개한 것들은 모두 예전에 과학으로 뼈대를 구성하고 화재 관리를 통해 적용한 이상을 내세워 약속했던 명확성과 확실성에 지장을 준다. 현장 과학이란 몸으로 부딪치며 배우는 것이다. 지상에서 기본 원리로 추정되는 내용을 바탕으로 컴퓨터 시뮬레이션에 도전하는 소방 관리자들이 있다. 과학을 따르느냐가 중요한 것이 아니라 근본적으로 예술, 철학, 문학, 법을 통합하며 사회, 문화, 정치를 고려하는지 생각해야 한다. 불은 주변 환경을 합성한다. 따라서 화재 관리 역시 현대 과학의 경이이자 불을 요소로 분해하는 환원주의를 불 속에 담긴 통합력으로 대체해야 한다. 불이 하는 모든 일을 나눠 맡아줄 대용물은 찾을 수 없다. 그럴 필요도 없다. 불이 다 해줄 테니까. 우리는 그저 지상에 이로운 불을 적당히 일으키기만 하면 된다. 그렇게만 하면, 불은 알아서 걸러져 나뉜 후 우리를 위해 합성을 진행할 것이다.[12]

  화염세의 온갖 병폐를 해결하려 전용 소방 프로그램에 기댈 필요도 없다. 불은 상호성을 띠기 때문이다. 불은 자연에 광범위하게 일으켰던 불꽃을 인간 사회에도 가져올 수 있다. 그렇게 생긴 위기에 그간 필요했던 개혁이 빠르게 추진될 수도 있다. 석탄 화력 발전소는 온실가스를 차치하고 대기질 악화의 주범이었다. 산꼭대기에서 석탄을 채굴한 탓에 경관이 망가졌다. 낡은 전력망은 강풍에 재앙을 불러올 불꽃이 튀는 것 외에도 다양한 이유로 복구가 필요했다. 도시가 무분별하게 확장하다 보니 지역 사회를 화재 위험에 몰아넣기도 했지만 사회 문제와 토지 사용 문제 역시 불거졌다. 침입종은 다른 종을 소멸시키고 서식지까지 분열시킨다. 모두 기후 변화보다 훨씬 시급한 문제였다. 20세기 중반, 당시 기후에도 자연보호구역에는 이로운 불이 많이 필요했다. 연소를 손 놓고 보고만 있던 과거에 경종을 울리고 너무나 오랫동안 미뤄온 일을 하겠다는 의지를 끌어모아야 한다. 불은 하나로 정의되지 않으며 체계적이다. 따라서 단일 해결책이란 없으며 앞으로도 없겠지만, 다가올 미래에 우리가 어떻게 살지 서둘러 집중해 결정하도록 유도할 수 있다.

불은 생태계에 아무렇게나 뿌려도 감쪽같이 경관을 복원하고 모든 것을 바로잡는 요정 가루가 아니다. 이미 존재하는 것들이 전체를 구성하며 작동하는 데 도움이 될 수는 있다. 그러나 우리 마음에 드는 세상을 보장하지 않는다. 우리가 앞으로도 살아갈 수 있는 세상을 얻으려면, 불쏘시개에 손기술과 지략을 더해 우리의 포부와 요구를 잘 들어줄 불을 선택해야 한다. 그러려면 사회적 투자, 정치 자본, 불과 재정립한 관계가 필요하다.

또한, 불이 주변 현상이 아니라 육상 생물과 인간 문화에 유익한 원리라는 사실을 받아들여야 한다. 모든 것이 타거나

타야만 한다는 말이 아니다. 간접적으로나마 인류의 발화 습관에 영향을 받으리라는 의미다. 홍적세에 전 세계가 빙상에 파묻히진 않았지만, 얼음의 영향을 받지 않은 곳은 거의 없었다. 화염세의 불도 마찬가지다. 지구는 오랫동안 불의 행성이었고, 이제 더 깊은 불의 시대로 향하고 있다.

• 끝맺는 말 •
여섯 번째 태양

'별의 언덕'이라는 뜻인 세로 데 라 에스트레야Cerro de la Estrella는 멕시코 계곡 중앙에 솟아 있다. 콜럼버스가 아메리카 대륙에 발을 내딛기 전에는 테스코코호Lake Texcoco와 소치밀코호Lake Xochimilco에서 흘러든 물이 합쳐지는 곳에 있던 섬이었다. 아스테카인은 이곳에서 52년마다 새로운 불의 의식을 올렸다. 260일 달력과 365일 달력이 서로 만나는 시점이자 플라이아데스 성운이 머리 위에 있을 때, 즉 우주가 어둠 속으로 추락하거나 새롭게 태어난 빛으로 다시 타오를 채비를 마쳤을 때, 새로운 불이 세상을 구원하고 새로운 태양을 낳았다.[1]

 정교한 의식이 장엄한 언덕 위에 자리했다. 드넓게 펼쳐진 거울 같은 호수 너머에 있던 주변 전원 지역, 마을과 그곳에 있던 화로, 신전에 횃불이며 모닥불까지 인간이 틔운 불은 전부 저녁에 찾아든 어둠 속에서 사라졌다. 별빛만이 반짝였다. 태양의 세계로 알려진 세상은 불확실성에 떨었다. 어둠과 악마가 점점 가까워졌다. 인간이 처음으로 배운 고대 방식으로 일으킨 새로운 불이 있어야 태양을 다시 불러올 수 있었다.

언덕 꼭대기 제단에서 각각 원소를, 이전 세상을, 결국 새로운 불로 모여든 네 번의 13주기를 상징하는 네 명의 사제가 대기했다. 다섯 번째 사제는 죄수의 심장을 뜯어냈다. 인간의 필연적 희생이었다. 그러면 심장이라는 신성한 도구에서 새로운 불이 타올라 노출된 가슴팍 위에서 새로운 생명을 상징했다. 이때 대기하던 네 사제가 하나씩 새로운 불에 대고 커다란 횃불을 점화하고 경호를 받으며 네 개의 기본 방위로 데려다줄 배를 향해 비탈을 따라 행진했다. 해안에 도착하면 52년 동안 불이 계속 타오를 수 있도록 돕는 여사제가 검수한 보조 연료에 불을 붙였다. 실패는 곧 파멸이었다. 이 불에서 화로, 용광로, 신전에서 타오를 모든 불, 사냥과 낚시에 쓸 모든 불, 신성한 생명과 세속적인 생명을 나타내는 불이 다시 타올랐다. 제자리에서 빙빙 도는 별들 사이에서 태양이 떠오를 것이었다. 그렇게 다시 한번 세상이 구원받게 됐다.

   세상은 다섯 번 멸망했다. 결국 새로운 태양이 다섯 번이나 떠올랐다. 세로 데 라 에스트레야 꼭대기에서 의식을 성공적으로 거행해야 다섯 번째 태양이 비추는 세상이 계속될 터였다. 마지막 의식은 1507년에 있었다. 우주 차원에서 또 한 번 시공간 융합이 일어나기 전, 매일 해가 떠오르는 동쪽에서 온 새로운 사람들이 원주민 군대와 동맹을 맺고 아스테카 제국을 파괴했다. 더는 새로운 불의 의식이 이어지지 않았다.

   그러나 이후 동쪽에서 또 다른 손님이 찾아오며 여섯 번째 태양이 떠올랐다. 더불어 자연 경관의 심장부에서 새로운 불이 타올랐다. 화석연료를 태워 생긴 이 불은 이전 세상의 불처럼 다른 불을 숨죽이게 만들고 전 세계 방방곡곡으로 퍼졌다.

   불을 다룰 줄 아는 생명체가 불을 수용하는 시대를 만나자 화염세가 시작됐고, 둘의 상호작용 속에서 인위적인 불이 유용한 존재로 거듭났다. 화염세가 충적세 전체에 걸쳐 있으며 화석연료와 함께 대규모 연소가 가능해진 덕에 가속화하지만, 인류가 화염의 수호자라는 서사는 변치 않는다는 주장이 있다. 반면, 화염세를 화석 바이오매스와 함께 불이 양뿐만 아니라 종류까지 바뀌는 상변화를 일으킨 비교적 짧은 시대라고 보는 관점도 있다. 이렇게 생각하면, 자연 경관 속에서 불을 신중히 사용하는 모습을 암석 경관을 태워 전 세계에 파열을 일으키는 것과 똑같이 취급하는 것은 부당한 일이다. 극소수 때문에 연소가 폭포수 쏟아지듯 일어나 지구를 휩쓸었을 때 인류 전체를 비난하는 것 역시 부당하다.

서사는 내용에 따라 장편도 단편도 될 수 있다. '장편' 화염세는 지금 우리가 경험하는 과도한 연소가 어떻게 생겨났는지 알려준다는 장점이 있다. 기후 변화가 화염 발생을 촉진하기 전부터 화재 위기가 있었고, 기후가 안정되거나 이전으로 돌아가도 불이 사라지는 일은 없을 것이며, 불은 생태계의 구성원이기도 한 우리가 일으킨 결과라는 사실을 다시금 깨우쳐준다. '단편' 화염세는 언제부터 시작했냐는 기원 논쟁을 피하고, 해로운 불을 일으키는 주범에 집중하며, 대화재가 잦을수록 거대한 연기 기둥이 치솟는다는 사실을 오해하지도 않는 데다가 산업 연소가 일으키는 혼란에 집중한다. 연소 이면에 있는 불꽃을 핵심으로 지목한다는 점이 두 서사의 공통점이다. 여기서 사람은 기후와 함께 뭐든 배로 늘릴 수 있는 복잡한 피드백을 주고받으며 상호작용한다.

나는 '장편' 화염세가 좋다. 우리 DNA에 각인된 인간과 불

사이의 유대를 보여주고, 앞으로 찾아올 장대한 미래에 유구한 역사를 더해주기 때문이다. 지구가 점점 열기를 더하는 와중에 우리 등을 떠밀며 화염세를 시작하라고 한 존재는 아무도 없지만, 이제 화염세를 이어가려면 우리가 없어서는 안 될 것 같다.

 화염세가 던진 모든 역설 중 가장 이상한 것은 우리가 불을 일으키며 의도치 않게 얼음의 귀환을 막았을지 모른다는 사실이다. 소빙기가 계속됐을 수도 있다. 인간이 기후 스위치를 조작하는 지금, 다음에 찾아와야 할 빙하가 지구에 발도 못 붙일 수 있다. 얼음보다 불과 함께 사는 편이 더 쉽기 때문에 묘책을 떠올릴 시간을 조금이나마 벌었다고 볼 수 있다. 우리는 연소를, 즉 우리 자신을 통제하지 않는다면 불길에도 소멸하겠지만, 뒷걸음치다 쥐 잡은 소처럼 불을 일으켰다가 얼음과 함께 찾아올 팍팍한 미래를 모면한 것일지도 모른다.

 우리는 땅속에 화석 바이오매스를 저장해야 한다. 오늘날 열기를 무섭게 뿜어대는 인류라는 존재를 식히는 것은 물론이고 미래에 귀환할 얼음을 물리치기 위해 비축해야 한다. 전략적으로 석유를 매장하는 것과 같은 이치다. 다가올 추위를 대비한 방책이기도 하다. 모아놨던 연료를 상당량 태워야 할 수도 있기 때문이다. 만약 얼음이 다시 찾아온다면, 따뜻한 시절에 저장해 놓은 탄소 덩어리 가연물 하나하나에 감사할 것이다. 우리는 앞으로도 영원히 우리가 가진 온갖 화력을 행사해야 할 것이다. 그리고 종말까지 화염의 수호자로 남을 것이다.

그런데 우리는 어떤 화염을 지키고 있는 걸까? 불을 정의하는 방식을 파악하면, 관계를 맺고 있는 불의 특성을 알 수 있다.

불을 주변 환경에서 생긴 화학 반응으로 보면, 물리적인 조치를 통해 이용하고 억제하려 들 수 있다. 우리는 실체가 있는 환경과 기계 속에 불을 가져다 놓을 수 있다. 불의 타고난 성정에 물리적으로 대응해 극복하려 할 수 있다. 불연성 물질인 돌, 물, 흙을 장벽 삼아 불을 가두거나, 불에 물과 화재 지연제를 들이부을 수도 있다. 이때 불이 탈출하면 지진해일이나 허리케인과 같은 모습으로 변한다.

불이 생물학적인 뿌리를 가지고 있다고 생각할 수도 있다. 이 관점에서 불은 생명체가 아니라 세를 불리기 위해 바이러스처럼 생물학적 맥락과 생화학적 반응에 의존하는 과정이다. 우리는 이런 불을 어르고 달래서 길들이고 우리에게 유리한 생태 환경을 만들어 불을 조종할 수 있다. 생태학적 수단으로 불을 개조할 수 있다. 이때 불은 생물상 사이에 틈이 생기면 탈출해 여기저기로 번지고, 결국 신생 전염병처럼 매섭게 타오른다.

　마지막으로, 불과의 관계가 사실 인간 세상의 문화에서 비롯했다고 생각해볼 수도 있다. 어떤 불이 이롭고 해로운지, 횃대와 들판에 어떤 화염을 놓을지, 불을 관리할 때 어떤 생각과 제도가 적합할지 정하는 것은 우리다. 관계라는 개념도 우리 생각이지 불의 의사가 아니다. 관계가 와해되는 이유 역시 인간의 활동 때문이다. 불이 잘못해서 문제가 생기는 것이 아니다.

　셋 중 불의 특성을 올바르게 나타내는 정의는 무엇일까? 불은 변신의 귀재라서 앞서 말한 성질은 물론이고 그 이상을 품지만, 지구와 인간이 만드는 맥락 안에서 한계에 부딪힌다. 따라서 정의마다 제 자리가 있다. 바람을 타고 번지는 불, 구축 경관, 기계가 함께하는 환경에는 물리적 모형이 적절하다. 자연 경관에는 경작지든 야생이든 생물학적 모형이 적절하며, 물리적으로 생각했다가는 문제가 생길 것이다. 우리의 행위와 태도가 낳은 화염세와 같은 불의 무대에서는 문화적 모형만이 핵심 원인을 다룰 수 있다. 또한 온갖 미래 후보 중 하나를 골라 서사와 함께 예상 결과까지 전개할 수 있다.

그렇다, 나는 내 기원을 알고 있다!

나는 불꽃처럼 만족할 줄 모르고

나 자신을 갈아내어 빛을 발한다.

손대는 것은 모두 빛이 되고,

버리는 것은 모두 숯으로 변하니

나는 틀림없이 불꽃이다!

프리드리히 니체 Friedrich Nietzsche,《이 사람을 보라 Ecce Homo》

주님, 어둠 속에 있는 저희에게 빛을 주는 형제인 불의 찬미를 받으소서. 그는 밝고 쾌활하며 매우 거대하고 힘이 세나이다.

아시시의 성 프란치스코 St. Francis of Assisi, 〈태양의 찬가 Canticle of the Creatures〉

최근까지 화염세가 써내려간 웅장한 이야기는 인류가 불을 탐구하고, 끊임없이 더 많은 지역에서 태울만한 물질을 더 많이 찾는 것만으로 충분했다. 두 서사는 서로 보완하며 평행선을 달렸다. 프로메테우스 (또는 니체식) 서사는 불을 힘이라고 생각했다. 그 속에서 인위적인 불은 폭력적으로 자연환경에서 떨어져 나와 인간의 목적에 맞게 변하는 역할을 맡았다. 고대 (또는 성 프란치스코식) 서사는 불을 인생길의 동반자이자 인간이 다른 창조물과 자신의 행복을 위해 돌볼 대상으로 여겼다. 한 서사에서는 쌓아두고 다른 서사에서는 나눴다는 차이가 있지만, 양쪽 다 불을 일으킬 수 있는 존재는 인간뿐이었다. 광범위하게 전개될 수 있던 두 서사의 앞길은 모두 자연 경관이라는 한 영역에 속했다.

그러나 화석연료를 태우자 길이 갈라졌다. 점차 거센 추진력을 받으며 인류는 성 프란치스코식 서사에서 니체식 서사로, 자연 경관은 암석 경관으로 옮겨갔다. 프로메테우스의 불이 고대의 불보다 많아지다 결국 사슬을 벗어던지고 고지를 점령했다. 우리 인류는 기하급수적으로 치솟는 화력을 거머쥐며 생활 터전인 자연 경관에 고통을 안기고 위협을 가하며 점차 살 수 없는 곳으로 만들었다. 이제는 대대적인 빙하기를 겪었던 지구에 폭주하는 불의 시대를 안겨줄 채비까지 끝마쳤다.

우리는 프로메테우스의 불을 줄이고 고대의 불을 늘려야 한다. 생태계의 구성원으로서 전통적인 화입 풍습을 되살려야 한다는 뜻이다. 불은 단순히 실존하는 도구이자 마음대로 바꿀 수 있는 과정이 아니라 우리와 관계를 맺은 동반자라는 사실을 기억하라. 불이 없으면 안 되는 우리와 달리 불은 우리 없이도 존재할 수 있다는 것 역시 잊지 말라. 우리 인간만이 갖는 화력에는 책임이 따른다는 사실도 명심하라.

그간 우리는 화력을 이용해 세상을 다시 열고 여섯 번째 태양을 띄웠다. 그러나 이제는 지구에 도움을 줄 수 있는 방향으로 화염을 재분배하는 법을 배워야 한다. 지구의 미래가 곧 우리의 미래이기 때문이다.

• 작가의 말 •

이 책은 평생을 불과 보내며 파악한 정수를 모아 살을 붙여 새롭게 구성한 결과물이다. 해체라는 천성을 타고나 무한히 번질 수 있는 변신의 귀재인 불과 달리, 나 자신도 내가 쓴 글도 불처럼 변화무쌍하지 않다. 그래서 그저 이해한 내용을 표현할만한 다양한 방법을 찾아 이전 저서에 담았던 문장, 단락, 구절을 그대로 쓰거나 조금 손봤다. 특히 2019년에 2판이 나온 《불: 그 간략한 역사 Fire: A Brief History》(워싱턴대학교출판사, 2019년)를 중심에 놓고 《잃어버린 최후의 세계 The Last Lost World》(바이킹, 2012년), 《아이스 The Ice》(아이오와대학교출판사, 1986년)의 내용을 더했으며, 이렇게 완성한 삼각 구도 속에서 내 빙하기 지식을 정리했다. 이전 저서에서 어떤 형태로든 가져다 쓴 구절이 80퍼센트는 된다(화재를 관리할 네 가지 전략을 다룬 책이 이번으로 벌써 네 번째지만, 책마다 중심 주제와 전개 양식이 다르다). 이 책에서는 이전 내용과 표현에 풍부한 맥락과 신선한 의미를 줄 법한 새로운 방식을 더해 구성을 달리했다.

나는 2015년에 〈이온Aeon〉이라는 디지털 잡지에 '불의 시대The Fire Age'라는 글을 기고하며 '화염세'라는 이목을 끌 만한 말을 처음으로 사용했다(https://aeon.co/essays/how-humans-made-fire-and-fire-made-us-human 참고, 2015년 5월 5일). 이후로도 그 말을 주기적으로 사용했고, 2019년에는 우리가 불과 조약을 맺고 지금껏 만들어온 세상을 이해하는 유용한 (동시에 문학적인 구석이 있는) 원칙으로 제안하기 시작했다. 특히 자연 경관과 암석 경관이 교차해 폭발하듯 화염을 일으키는 지역이나 두 경관이 주변 환경을 재건하는 곳에 호소했다.

전선 탓에 해로운 불에 숱하게 시달린 캘리포니아주를 떠올려보자. 석유 산업이 주민들을 먹여 살리지만, 정작 화재가 일어나기 쉬운 아한대 경관인 알래스카주도 있다. 오일샌드를 채굴하기 위해 건설된 지역으로, 기후 변화 탓인지 주변 숲에서 피어올라 들이닥친 불에 순식간에 장악되는 앨버타주 포트맥머리도 빼놓을 수 없다. 2019~2020년 호주에서 발생한 기록적인 화재가 본격적으로 위세를 떨치던 시기에는 〈이온〉에서 할애한 지면에 화염세를 다룬 글을 다시 한번 기고할 기회를 얻었다(https://aeon.co/essays/the-planet-is-burning-around-us-is-it-time-to-declare-the-pyrocene 참고, 2019년 11월 19일).

인간의 시대에는 이름이 여러 개 있다. 다들 의미가 있고, 특정 인과관계를 강조한다. 시간이 지나면, 그중 하나만 인간의 시대를 대표하는 이름으로 자리 잡고 나머지는 남다른 싹에 제 자리를 내어주는 자잘한 싹과 같은 신세가 될 것이다. 나는 지질학적 관점에서 오랫동안 충적세를 인류세라고 생각했다. 이제는 불의 관점에서 인류세를 화염세로 보고 있다.

감사한 대상이 많다. TED 강연에 나선 덕에 방대한 불의 역사를 14분으로 압축할 수 있었다. 이후, 〈이온〉의 브리짓 헤인스Brigid Hains에게서 TED 강연을 글자로 바꿔 다른 서사로 풀어낼 매개체를 얻었다. 〈슬레이트Slate〉, 〈히스토리 뉴스 네트워크History News Network〉, 〈내추럴 히스토리Natural History〉, 〈파이어〉, 〈가디언the Guardian〉의 편집자들에게도 감사한다. 그리고 뉴스에서 화재 논평을 요청하는 언론인들이 있어 더 날카롭게 관찰한 덕에 기대하지도 않던 통찰을 얻고 더 좋은 글을 쓸 수 있었다.

　아내 소냐는 항상 고마운 사람이다. 이 책이 세상에 나올 수 있던 건 내 오랜 탐구의 정점이라며 이 책을 꼭 써야 한다고 주장한 아내 덕이다.

• 참고 문헌 •

서문

1. V. Alaric Sample, R. Patrick Bixler, and Char Miller, eds., Forest Conservation in the Anthropocene: Science, Policy, and Practice (Boulder: University Press of Colorado, 2016); V. Alaric Sample and R. Patrick Bixler, eds., "Forest Conservation and Management in the Anthropocene: Conference Proceedings," Proceedings, RMRS-P-71, US Department of Agriculture, Forest Service, 2014, https://www.fs.usda.gov/treesearch/pubs/46127.
2. 불의 역설을 다룬 간략한 설명은 Mark Finney의 영상을 참고. https://wildfiretoday.com/2018/03/28/the-fire-paradox. 전 세계적으로 연소 면적이 줄어드는 현상에 관해 다음 자료를 참고. N. Andela et al., "A Human-Driven Decline in Global Burned Area," Science 356 (2017): 1356–1362.

1장 첫 번째 불: 자연의 불

1. Clinton B. Phillips and Jerry Reinecker, "The Fire Siege of 1987: Lightning Fires Devastate the Forests of California," California

Department of Forestry and Fire Protection (Sacramento, 1988); California Department of Forestry and Fire Protection, "2008 Wildfire Activity Statistics," www.fire.ca.gov/media/10885/2008_wildfireactivitystatistics_complete_revised.pdf.

2   This paragraph quotes or paraphrases passages from Stephen J. Pyne, Fire: A Brief History, 2nd ed. (Seattle: University of Washington, 2019), 8. See Richard Blaustein, "The Great Oxidation Event," Bioscience 66 (March 2016): 189–95, and Andrew C. Scott, Burning Planet (New York: Oxford University Press, 2018).

3   James Lovelock, The Ages of Gaia (New York: Bantam Books, 1988), 29. (한국어판: 제임스 러브록,《가이아의 시대》, 범양사, 1992)

4   This paragraph quotes or paraphrases passages from Pyne, Fire: A Brief History, 2nd ed., 9.

5   See Juli G. Pausas and William J. Bond, "On the Three Major Recycling Pathways in Terrestrial Ecosystems," Trends in Ecology & Evolution 35(9) (September 1, 2020): 767–775.

6   This paragraph quotes or paraphrases passages from Pyne, Fire: A Brief History, 2nd ed., 10–11.

7   연소 체제라는 개념은 불의 생태에서 기본이다. 흥미로운 변형꼴은 '파이롬Pyrome'이라는 개념으로, 생물군계가 생태계에 속하듯 파이롬은 불에 속한다. 아직 널리 사용되는 용어는 아니지만, 널리 퍼질 것이(고 그래야만 한)다. 다음 자료 참고. Sally Archibald et al., "Defining Pyromes and Global Syndromes of Fire Regimes," Proceedings of the National Academy of Sciences 110(16) (April 16, 2013): 6442–6447, www.pnas.org/cgi/doi/10.1073/pnas.1211466110.

8   Ashley Strickland, "A Dinosaur's Last Meal: A 110 Million-Year-Old Dinosaur's Stomach Contents Are Revealed," CNN (June 2, 2020), www.cnn.com/2020/06/02/world/nodosaur-fossil-stomach-contents-scn-trnd/index.html.

9   This paragraph quotes or paraphrases passages from Pyne, Fire: A Brief History, 2nd ed., 15.

10 다음 자료를 참고. Leda N. Kobziar et al., "Pyroaerobiology: The Aerosolization and Transport of Viable Microbial Life by Wildland Fire," Ecosphere 9(11) (November 2018): article e02507; Elizabeth Thompson, "Wildfire Smoke Boosts Photosynthetic Efficiency," Eos 101 (February 12, 2020), https://doi.org/10.1029/2020EO139985; Manoj G. Kulkarni

and Johannes Van Staden, "Germination Activity of Smoke Residue in Soils Following a Fire," South African Journal of Botany 77 (2011): 718 – 724; Matthew W. Jones et al., "Fires Prime Terrestrial Organic Carbon for Riverine Export to the Global Oceans," Nature Communications 11 (2020): article 2791, https://doi.org/10.1038/s41467-020-16576-z.

11 용어를 쉽게 설명하기 위해 다음 자료를 참고. Ronald L. Myers, Living with Fire: Sustaining Ecosystems and Livelihoods through Integrated Fire Management (The Nature Conservancy, 2006), 3 – 6.

12 Jeff Hardesty, Ron Myers, and Wendy Fulks, "Fire, Ecosystems, and People: A Preliminary Assessment of Fire as a Global Conservation Issue," The George Wright Forum 22(4) (2005): 78 – 87.

13 주로 다음 자료를 참고. Scott, Burning Planet, and chapters 3 and 4 in Andrew Scott et al., Fire on Earth: An Introduction (Chichester: Wiley-Blackwell, 2013).

14 This paragraph quotes or paraphrases passages from Pyne, Fire: A Brief History, 2nd ed., 12.

15 원 개념은 다음 자료에 잘 요약돼 있다. Walter Alvarez, T. Rex and the Crater of Doom (Princeton: Princeton University Press, 1997). 다음과 같은 최근 연구에서 잔류 목탄과 그것이 미치는 영향의 조정된 관계를 볼 수 있다. "Chicxulub Crater Reveals the Terrible End of the Dinosaurs," Inverse (December 15, 2019), www.inverse.com/article/61695-chicxulub-crater-reveals-end-of-dinosaurs, and "Earth's Most Destructive Day Ever: Chicxulub Crater Evidence Study Tells a New Story," Inverse (September 9, 2019), www.inverse.com/article/59122-chicxulub-crater-studyreveals-wildfires-tsunamis.

16 See Dag Olav Hessen, The Many Lives of Carbon (London: Reaktion Books, 2017), 178 – 179, for PETM, and Scott, Fire on Earth, 75 – 76 and 88, for fire.

17 This paragraph quotes or paraphrases passages from Pyne, Fire: A Brief History, 2nd ed., 12 – 13.

18 서양 학계에서의 불의 역사를 간략하게 다룬 내용은 다음 자료를 참고. Stephen Pyne, "Fire in the Mind: Changing Understandings of Fire in Western Civilization," Philosophical Transactions of the Royal Society B 371 (2016): 20150166, https://doi.org/10.1098/rstb.2015.0166.

19 William Crookes, ed., Course of Six Lectures on the Chemical History of a Candle (London: Griffin, Bohn, and Co., 1861).

20 William James, The Varieties of Religious Experience (New York: Longmans, Green, and Co., 1917), 74. (한국어판: 윌리엄 제임스, 《종교적 경험의 다양성》, 한길사, 2000)

2장 얼음의 시대

1 Quoted in Josephine Flood, Archaeology of the Dreamtime: The Story of Prehistoric Australia and Its People (Sydney: Angus and Robertson, 1999), 227. See also T. L. Mitchell, Journal of an Expedition into the Interior of Tropical Australia (London, 1848), 306, available at www.gutenberg.org/files/9943/9943-h/9943-h.htm; T. L. Mitchell, Three Expeditions in the Interior of Eastern Australia (London, 1839), 196, available at www.gutenberg.org/files/12928/12928-h/12928-h.htm (Vol. 1) and http://gutenberg.net.au/ebooks/e00036.html (Vol. 2).
2 William F. Ruddiman, Plows, Plagues and Petroleum (Princeton: Princeton University Press, 2005), 41. (한국어판: 윌리엄 F. 러디먼, 《인류는 어떻게 기후에 영향을 미치게 되었는가》, 에코리브르, 2017)
3 Ruddiman, Plows, 121. 소빙기는 1350년에서 1900년까지 다양하게 추정된다. 더 길었을 것으로 주장하는 학자도 있지만, 종료 시점을 1850년경으로 합의한 것으로 보인다. 나는 빈약한 증거에도 시작 시점이 1550년이라는 여러 학자의 의견에 동의한다. 중세온난기 이후 냉각이 시작됐지만, 소빙기는 기준과 주제에 따라 달라진다.
4 Ruddiman, Plows, 84–86.
5 Elaine Anderson, "Who's Who in the Pleistocene: A Mammalian Bestiary," in Paul S. Martin and Richard G. Klein, eds., Quaternary Extinctions: A Prehistoric Revolution (Tucson: University of Arizona Press, 1984), 40–89, and Paul S. Martin, "Prehistoric Overkill: The Global Model," 354–03, in the same book. 과잉 살상 모델Overkill model은 수년에 걸쳐 광범위하게 수정됐지만, 395쪽에 실린 그래프에 주목해야 한다. Martin과 Klein의 문헌이 출간되던 때 홍적세는 190만 년이었다. 이후, 260만 년으로 확장해 멸종 범위까지 넓혔다.
6 이 문단과 이후 네 문단은 다음을 참고. Lydia V. Pyne and Stephen J. Pyne, The Last Lost World: Ice Ages, Human Origins, and the Invention of the Pleistocene (New York: Viking, 2013), 30–33.
7 다음 자료는 홍적세 연대 정의에 관한 역사를 다룬 유용한 조사를 담고 있다. J. J. Low and M. J. C. Walker, Reconstructing Quaternary

Environments (New York: Longman, 1984), 3–8.
8   해당 토론은 다음 자료를 참고. Imbrie and Imbrie, Ice Ages, 123–173 (한국어판: 존 임브리, 캐서린 팔머 임브리, 《빙하기 그 비밀을 푼다》, 아카넷, 2015); Paul E. Damon, Glen A. Izett, and Charles W. Naeser, conveners, "Pliocene and Pleistocene Geochronology," Penrose Conference Report, Geology 4 (October 1976): 591–593; and Amanda Leigh Mascarelli, "Quaternary Geologists Win Timescale Vote," Nature 459 (June 4, 2009): 624.

3장 두 번째 불: 인간이 길들인 불

1   Quoted in Josephine Flood, Archaeology of the Dreamtime: The Story of Prehistoric Australia and Its People (Sydney: Angus and Robertson, 1999), 227. See also T. L. Mitchell, Journal of an Expedition into the Interior of Tropical Australia (London, 1848), 306, available at www.gutenberg.org/files/9943/9943-h/9943-h.htm; T. L. Mitchell, Three Expeditions in the Interior of Eastern Australia (London, 1839), 196, available at www.gutenberg.org/files/12928/12928-h/12928-h.htm (Vol. 1) and http://gutenberg.net.au/ebooks/e00036.html (Vol. 2).
2   Mitchell, Journal of an Expedition, 412.
3   Mitchell, Journal of an Expedition, 413.
4   See Richard Wrangham, Catching Fire: How Cooking Made Us Human (New York: Basic Books, 2009). (한국어판: 리처드 랭엄, 《요리 본능》, 사이언스북스, 2011)
5   See Konrad Spindler, The Man in the Ice (London: Phoenix Books, 1993); Samir S. Patel, "Illegally Enslaved and Then Marooned on Remote Tromelin Island for Fifteen Years, with Only Archaeology to Tell Their Story," Archaeology (September/October 2014), www.archaeology.org/issues/145-1409/features/2361-tromelin-island-castaways#art. See also Mich Escultura, "The Inspiring Story of the Castaways of Tromelin Island," Elite Readers (October 11, 2016), www.elitereaders.com/castaways-tromelin-island, and "Lese humanite," Economist (December 16, 2015), www.economist.com/christmas-specials/2015/12/16/lese-humanite.
6   불을 통한 미시적 관리Micromanagement의 예시는 다음 자료를 참고. Kat Anderson, Tending the Wild: Native American Knowledge and the

Management of California's Natural Resources (Berkeley: University of California Press, 2013).

7   Rhys Jones, "Fire-Stick Farming," Australian Natural History 16 (1969): 224–228; Bill Gammage, "Australia under Aboriginal Management," Fifteenth Barry Andrews Memorial Lecture, University College, Canberra, 2002, and The Biggest Estate on Earth: How Aborigines Made Australia (Sydney: Alley & Unwin, 2012).

8   Rhys Jones, "The Neolithic, Palaeolithic, and the Hunting Gardeners: Man and Land in the Antipodes," in R. P. Suggate and M. M. Cresswell, eds., Quaternary Studies (Wellington, 1975), 26.

9   다음 자료는 유례없는 집중 조사를 담고 있다. William Balee, Footprints of the Forest: Ka'apor Ethnobotany—the Historical Ecology of Plant Utilization by an Amazonian People (New York: Columbia University Press, 1994), 특히 136–138 and 220–222.

10 다음 자료는 유럽의 사례를 가장 잘 요약한다. Stephen J. Pyne, Vestal Fire: An Environmental History, Told through Fire, of Europe and Europe's Encounter with the World (Seattle: University of Washington Press, 1997). 그러나 이 자료 역시 다양한 자료를 참고했으며, 여러 출처 중 일부는 다음과 같다. Axel Steensberg, Fire Clearance Husbandry: Traditional Techniques Throughout the World (Herning: Poul Kristensen, 1993); Francois Sigaut, L'Agriculture et le feu: Role et place du feu dans les techniques de preparation du champ de l'ancienne agriculture europeenne (Paris: Mouton & Co., 1975); and for Finland, the special issue of Suomen Antropologi 4 (1987). 다음 자료는 열대 지역의 화전과 불을 폭넓게 다룬 개요서다. Harley H. Bartlett, "Fire in Relation to Primitive Agriculture and Grazing in the Tropics: Annotated Bibliography". 이 자료는 다음 배경 논문을 보완한 문헌이다. "Man's Role in Changing the Face of the Earth". 이 논문은 다음 요약문으로도 접할 수 있다. "Fire, Primitive Agriculture, and Grazing in the Tropics," in William L. Thomas Jr., Man's Role in Changing the Face of the Earth, vol. 2 (Chicago: University of Chicago Press, 1956), 692–720.

11 불을 이용한 유럽의 방목 방식은 다음을 참고. Pyne, Vestal Fire. 이 자료에는 유럽 내 다섯 개 불의 영역 각각을 엄밀히 구분해 다룬 예시가 실려 있다. 이동 방목을 조사 자료는 다음을 참고. Elwin Davies, "Patterns of Transhumance in Europe," Geography 26 (1941): 116–127.

12 Quoted in Cyril Stanley Smith and Martha Teach Gnudi, trans. and eds.,

The Pirotechnia of Vannoccio Biringuccio (Cambridge: MIT Press, 1966; New York: Dover, 1990, reprint), xxvii.

13 멕시코에 관해 다음 자료를 참고. Ciprian F. Ardelean et al., "Evidence of Human Occupation in Mexico around the Last Glacial Maximum," Nature (July 22, 2020), https://doi.org/10.1038/s41586-020-2509-0.

14 초원에 관한 통계는 (삼림지대나 사바나와 달리) 정의, 특히 초원을 구성하는 요소에 민감하기로 악명 높다. 나는 비록 오래됐지만 개요서 역할을 할 수 있는 다음과 같은 유용한 자료를 발견했다. Robin P. White, Siobhan Murray, and Mark Rohweder, Grassland Ecosystem (Washington, DC: World Resources Institute, 2000), and Eleonora Panunzi, "Are Grasslands Under Threat? Brief Analysis of FAO Statistical Data on Pasture and Fodder Crops," www.fao.org/uploads/media/grass_stats_1.pdf.

15 Sourced from World Bank data, https://data.worldbank.org/indicator/AG.LND.AGRI.ZS?end=2016&start=1961.

16 예상 주기의 변화는 다음 자료에 놀라울 정도로 잘 설명돼 있다. William F. Ruddiman, Plows, Plagues, and Petroleum: How Humans Took Control of Climate (Princeton: Princeton University Press, 2005). I'm elaborating on his argument by including fire-specific effects.

17 다음과 같은 고전 자료가 있다. Jean M. Grove, The Little Ice Age (London: Methuen, 1988). 길고 긴 여름이라는 개념을 보여주는 인기 있는 자료는 다음과 같다. Brian Fagan, The Long Summer: How Climate Changed Civilization (New York: Basic Books, 2004). (한국어판: 브라이언 페이건, 《기후, 문명의 지도를 바꾸다》, 씨마스21, 2021)

18 인구통계학과 소빙기의 시작은 다음 자료를 참고. Robert A. Dull et al., "The Columbian Encounter and the Little Ice Age: Abrupt Land Use Change, Fire, and Greenhouse Forcing," Annals of the Association of American Geographers 100(4) (2010): 755–771, https://doi.org/10.1080/00045608.2010.502432. For an update, see Alexander Koch et al., "European Colonisation of the Americas Killed 10% of World Population and Caused Global Cooling," The Conversation (January 31, 2019), https://theconversation.com/european-colonisation-of-the-americas-killed-10-of-world-population-andcaused-global-cooling-110549.

4장 세 번째 불: 산업혁명 이후의 불

1   Alexander Napier, ed., The Life of Samuel Johnson, LL.D. together with the Journal of a Tour to the Hebrides by James Boswell, Esq., vol. 3 (London: George Bell and Sons, 1884), 42.
2   Napier, Life of Samuel Johnson, 62.
3   The Odum quote is from Howard T. Odum, Environment, Power, and Society (New York: Wiley Interscience, 1970), 116.
4   N. Andela et al., "A Human-Driven Decline in Global Burned Area," Science 356 (June 30, 2017): 1356 – 1362.
5   선진국에서 야생과 도시의 경계는 골칫거리다. 미국, 호주, 프랑스, 캐나다를 다룬 연구가 있으며, 다른 국가에 관해서 비극적인 화재를 계기로 시작된 별도 조사가 있다. 표본으로 삼을 더 상세한 지도 조사는 다음을 참고. Sebastiin Martinuzzi et al., "The 2010 Wildland-Urban Interface of the Conterminous United States," Research Map NRS-8 (Newtown Square, PA: US Department of Agriculture, Forest Service, 2015), https://doi.org/10.2737/NRS-RMAP-8.
6   삼림벌채와 유럽인의 사고를 다룬 두 개의 고전 연구는 다음과 같다. Richard Grove, Green Imperialism: Colonial Expansion, Tropical Island Edens, and the Origins of Environmentalism, 1600 – 1860 (Cambridge: Cambridge University Press, 1995), and Michael Williams, Deforesting the Earth: From Prehistory to Global Crisis (Chicago: University of Chicago Press, 2002).
7   A. A. Brown and A. D. Folweiler, Fire in the Forests of the United States (St. Louis: John S. Swift Co., 1953), 3.
8   S. B. Show and E. I. Kotok, "The Role of Fire in the California Pine Forests," Department Bulletin No. 1294, US Department of Agriculture (Government Printing Office, 1924), 47.
9   예시가 매우 많지만, 나는 캘리포니아의 사례를 한 세기 후에 답습하는 듯한 에티오피아의 사례가 특히 흥미로웠다. 다음 자료를 참고. See Maria Johansson, Anders Granstrom, and Anders Malmer, "Traditional Fire Management in the Ethiopian Highlands: What Would Happen If It Ends?" Forest Facts 9 (2013). 이 자료는 스웨덴농업과학대학교Swedish University of Agricultural Sciences의 연구 결과다.

5장 화염세

1   See MNP LLP, "A Review of the 2016 Horse River Wildfire: Alberta

Agriculture and Forestry Preparedness and Response," prepared for the Forestry Division, Alberta Agriculture and Forestry, Edmonton (June 2017), www.alberta.ca/assets/documents/Wildfire-MNP-Report.pdf.

2 M. Turco, S. Jerez, S. Augusto, et al., "Climate Drivers of the 2017 Devastating Fires in Portugal," Scientific Reports 9 (2019): article 13886, https://doi.org/10.1038/s41598-019-50281-2.

3 California Department of Forestry and Fire Protection, Camp fire summary, www.fire.ca.gov/incidents/2018/11/8/camp-fire. See also Alejandra Reyes-Velarde, "California's Camp Fire Was the Costliest Global Disaster Last Year, Insurance Report Shows," Los Angeles Times (January 11, 2019), www.latimes.com/local/lanow/la-me-ln-camp-fire-insured-losses-20190111-story.html.

4 다음 자료 참고. Dave Owens and Mary O'Kane, Final Report of the NSW Bushfire Inquiry (Sydney: NSW Government, July 31, 2020). 호주 고스퍼스산에서 발생한 대화재를 상세히 설명하는 자료는 다음과 같다. Harriet Alexander and Nick Moir, "'The Monster': A Short History of Australia's Biggest Forest Fire," Sydney Morning Herald (December 20, 2019), www.smh.com.au/national/nsw/the-monstera-short-history-of-australia-s-biggest-forest-fire-20191218-p53l4y.html.

5 Elizabeth B. Wiggins et al., "Smoke Radiocarbon Measurements from Indonesian Fires Provide Evidence for Burning of Millennia-Aged Peat," Proceedings of the National Academy of Sciences 115(49) (December 4, 2018): 12419–12424, https://doi.org/10.1073/pnas.1806003115.

6 See Bruce Finley, "Wildfire Haze, Record Heat and Pollution Combine to Make Denver Air Quality Dangerous for All," Denver Post (August 25, 2020), www.denverpost.com/2020/08/25/colorado-wildfire-smoke-pollution-ozone.

7 Jennifer K. Balch et al., "Human-Started Wildfires Expand the Fire Niche across the United States," Proceedings of the National Academy of Sciences 114(11) (February 27, 2017): 2946–2951, https://doi.org/10.1073/pnas.1617394114.

8 경험과 증거의 차이에 관한 흥미로운 논의는 다음 자료를 참고. Neil Burrows, "Conflicting Evidence: Prescribed Burning—When 'Evidence' Is Not the Reality," 이 자료는 2018년 9월 5일에 서호주 퍼스에서 열린 호주 소방당국협의회Australasian Fire Authorities Council Conference의 기조연설로, 다음 사이트에서 확인할 수 있다. www.researchgate.net/

publication/327622300_Conflicting_evidence_prescribed_burning_-_when_%27evidence%27_is_not_reality.

9   See J. Russell-Smith, P. Whitehead, and P. Cooke, eds., "The West Arnhem Land Fire Abatement (WALFA) Project: the Institutional Environment and Its Implications," in Culture, Ecology, and Economy of Fire Management in North Australian Savannas: Rekindling the Wurrk Tradition (Tropical Savannas Cooperative Research Centre, 2009), 287–312.

10 추가로 읽어볼만한 자료는 다음과 같다. the bibliographies in my essays in Stephen J. Pyne, To the Last Smoke (Tucson: University of Arizona Press, 2016): "The Mogollons: After the West Was Won," in The Southwest: A Fire Survey, vol. 5 of To the Last Smoke, 22–33; "Vignettes of Primitive America," in California: A Fire Survey, vol. 2 of To the Last Smoke, 167–176; and "Fire's Call of the Wild," in The Northwest: A Fire Survey, vol. 3 of To the Last Smoke, 33–43. The larger context for policy reform and its translation into practice is available in Stephen J. Pyne, Between Two Fires: A Fire History of Contemporary America (Tucson: University of Arizona Press, 2015).

11 옐로스톤 화재는 대대적인 반응을 일으켰다. 정책 결과에 관한 간략한 자료는 다음과 같다. Ron Wakimoto, "National Fire Management Policy," Journal of Forestry (October 15, 1990). 세로그란데Cerro Grande에 관한 여러 자료 중 가장 중립적인 것은 다음과 같다. Barry T. Hill, Fire Management: Lessons Learned from the Cerro Grande (Los Alamos) Fire and Actions Needed to Reduce Risk, GAO/T-RCED-00-273 (Washington, DC: US Government Accounting Office, 2000). 콜로라도 천연자원부에 제출한 보고서로, 로어노스포크 화재를 다룬 자료는 다음과 같다. William Bass et al., "Lower North Fork Prescribed Fire: Prescribed Fire Review," report to the Colorado Department of Natural Resources (April 13, 2012), www.colorado.gov/pacific/sites/default/files/12Wildfire%20FireReview.pdf.

12 시뮬레이션 과학에 도전하는 현장 과학에 관한 자료는 다음과 같다. Burrows, "Conflicting Evidence."

끝맺는 말 여섯 번째 태양

1   이 문단과 이후 두 문단은 다음을 참고해 약간 수정했다. 에세이 "Old

Fire, New Fire," in Stephen J. Pyne, Smokechasing (Tucson: University of Arizona Press, 2003), 46–47. 의식에 관한 원전은 다음과 같다. Fray Bernardino de Sahagun, "Florentine Codex: General History of the Things of New Spain," in Arthur J. O. Anderson and Charles E. Dibble, trans. and eds., Book 7: The Sun, Moon and Stars, and the Binding of the Years, Monographs of the School of American Research, No. 14, Part 8 (Santa Fe, New Mexico, 1953).

THE PYROCENE

불의 시대

제1판 1쇄 인쇄 | 2025년 7월 1일
제1판 1쇄 발행 | 2025년 7월 11일

지은이 | 스티븐 J. 파인
옮긴이 | 김시내
펴낸이 | 하영춘
펴낸곳 | 한국경제신문 한경BP
출판본부장 | 이선정
편집주간 | 김동욱
책임편집 | 오은환
교정교열 | 최혜영
저작권 | 백상아
홍　보 | 서은실·이여진
마케팅 | 김규형·박도현
디자인 | 이승욱·권석중

주　소 | 서울특별시 중구 청파로 463
기획출판팀 | 02-3604-553~6
영업마케팅팀 | 02-3604-595, 583　FAX | 02-3604-599
H | http://bp.hankyung.com　E | bp@hankyung.com
F | www.facebook.com/hankyungbp
등　록 | 제 2-315(1967. 5. 15)

ISBN 978-89-475-0177-4　03450

책값은 뒤표지에 있습니다.
잘못 만들어진 책은 구입처에서 바꿔드립니다.